新装版

日本の軍装

1930-1945

中西立太　著

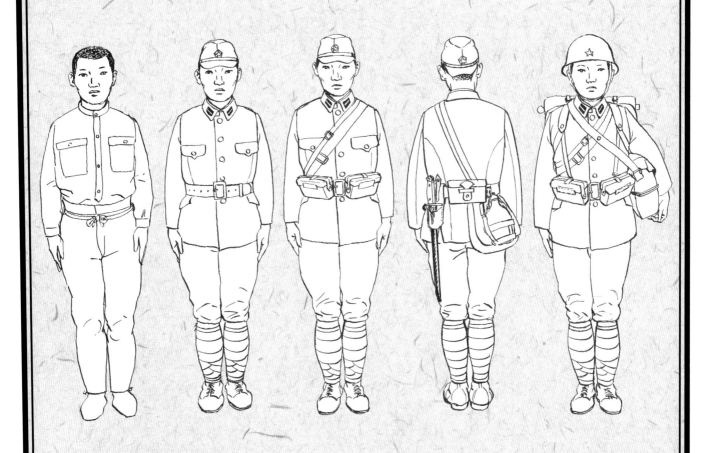

大 日 本 絵 画

まえがき

「日本の軍装」発刊に寄せて
笹間良彦

　今回、中西立太氏が明治以降の日本の軍装に関する図鑑を出版されたことはまことに喜ばしい。

　氏は、各出版社で歴史複元画を描くイラストレーターとして、また日本の風俗考証画家として独得の分野を拓かれ、今では知らぬ人は居ない。その画業に多忙の中を近代の軍装にまで精密な研究をされ、これの発表は長年月にわたっている。

　明治以前は歴史的分野という先入観から興味を持つ者は多いが、近代史の風俗というのは遺物資料が豊富でありながら、あまり注目されないまま失われて行く現状であった。まして、かつての帝国軍隊の資料は軍国主義に繋がるという観念のもとに ことさらに目をそむけられて来た。

　そこで三十年程前であるが、小生が古代から終戦までの軍装史の概略を上下二冊として発表したことがある。もとより研究不足であったから誤謬もあったが、これによって大変な反響を受け、特に明治以降の軍装の研究グループがいくつも作られ、この面の研究は急速に進歩して、資料的にも立派な著書が多く世に出るようになった。

　しかし、この面の研究者は画家でないので写真資料が多く用いられ、従って細部が明確に把握されにくい点が多い。

　この点、中西氏は画家であるために微に入り細にわたって図示し得る独得の技量を備えており、加えて描かれている人物の性格、立場まで表現されているので生きた資料を見る如く納得できる。

　この本はまさに中西氏の明治以降の日本の軍装に対する研究の結集で、このように詳細に図示した書が出ることは今後も難しいであろう。

　日本風俗史の中の近代軍装の研究書として、目で見る軍装史の役割は学問的にも貴重な存在として、後世に永く第一級の研究資料としての立場を維持するであろう。

（日本甲冑武具歴史研究会会長）

編者から：
　上掲の一文は『日本の軍装』初版（1991年）に寄せられた笹間良彦氏によるまえがき。氏は日本を代表する歴史家であり、武具研究家の第一人者で、終戦前後から日本の武具、風俗史、民俗学研究を目的として日本全国へ足繁く通って資料を収集するとともに半世紀以上にわたって研究を続けた。とくに甲冑研究に造詣が深く、長らく日本甲冑武具歴史研究会の会長を務めていた。
　また自身も絵心があり、その著書にも自筆のイラストを多数寄せて、視覚的に伝えることを常に心がけていた人物である。2005年11月5日、89歳で逝去。
　今回の『新装版 日本の軍装 1930〜1945』の刊行により、文中にある「このように詳細に図示した書が出ることは今後も難しいであろう。
　日本風俗史の中の近代軍装の研究書として、目で見る軍装史の役割は学問的にも貴重な存在として、後世に永く第一級の研究資料としての立場を維持するであろう」との言葉が裏付けられることとなった。

執着心の結晶
寺田近雄

"写真は真実を写すツール"ということになっているが、時には1枚の絵がはるかに真実に迫る場合も多い。

写真では正しい色合いや微妙な細部は掴めず、テーマの軍装でいえば横や後姿、部分や裏面、着装法などは良く研究された確かな筆力による絵には到底及ばない。

カメラのない時代から宮廷を中心に「有職故実」グループによって建造物、儀式、服装、風俗の図録が後世に残され、今では美術品となった行列絵巻や合戦絵巻などと共に正確で貴重なビジュアル史料として評価されている。

カメラが生まれたあとも動物、植物、貝類、蝶類などの図鑑の多くが手書きイラストで表現されている。レオナルド・ダビンチはその先駆者といえよう。

軍装研究の盛んなヨーロッパでは中世のカラー軍装図鑑の多くが博物館に残されており、研究者、愛好家かその知識を表現するための絵画力は必須条件である。亭主が文を、女房が絵を描いて本を作る人もいる。

しかし日本では、文章と絵画が分業化されて活字よりイラストを低く見る時代遅れの風潮もあり、大学教授でその知識を優れた絵で表現し得る人はまれである。

著者の中西立太氏は画家から軍装研究の道へ踏み込んで一家を成した笹間良彦先生と共にわが国では稀有の存在である。

以前、1枚の軍装画の監修を頼まれ、軽率に2、3の感想をもらしたところ、"わかりました"と一言いって、恐らく1週間は費したであろう労作を破棄して初めから書き直した"絵師の良心"に接して襟を正したことがある。

真実のためには妥協を許さないこの良心を軸に、信州人特有のしつこいまでの探究心、鍛え抜いた筆力などが結晶してこの本が生まれた。

この分野では日本で初めてのカラー軍装図鑑の誕生を心から喜びたい。

編者から：
　上掲の一文は同じく『日本の軍装』の巻頭に寄せられた寺田近雄氏によるまえがきである。

　軍事研究書籍の著者が多数あることでも知られる寺田氏は1930年9月生まれで、著者の中西氏よりも4才年長であった。早稲田大学卒業後、RKB毎日放送や日本テレビ放送網でアナウンサー、放送記者、テレビプロデューサーとして活躍し、1981年に退職。寺田事務所を起こし近代日本軍事史の研究に入って多くの著作を残している。2014年6月、83歳で逝去。

「時には1枚の絵がはるかに真実に迫る場合も多い。
　写真では正しい色合いや微妙な細部は掴めず、テーマの軍装でいえば横や後姿、部分や裏面、着装法などは良く研究された確かな筆力による絵には到底及ばない」
この一文こそが本書の目的であり存在価値を如実に物語っている。

日本陸海軍の階級呼称について

　本書に登場する日本陸海軍の階級呼称はタイトルに表記しているように昭和のはじめ（1930）頃から昭和20（1945）年8月の太平洋戦争の終戦までに使われたものを用いている。

　陸海軍それぞれの階級呼称を対応させたものが下表のようなもの。よく、「日本の陸海軍は仲が悪いから階級呼称も違った」などと言われるが、大きく違ったのは准士官以下で、士官の場合は全く共通である（ただし、海軍における予備士官や特務士官は、必ずしも並列ではなかった）。

　じつは陸軍と海軍、空軍で階級呼称が違うのは我が国よりも欧米の方が顕著で、陸軍大尉はCaptain（キャプテン）だが、海軍でCaptainといえば大佐というのが英語圏の国の軍隊では共通（民間でも、キャプテンといえば船長さんのこと）で、海軍大尉はLieutenant（ルテナント）となる。

　本書では英文キャプションを極力つけることを心がけており、陸軍では陸軍の、海軍では海軍の英語圏階級呼称に準じて表記しいるのでその違いも楽しんでいただきたい。

陸軍			海軍	昭和17年11月～
大将	士官	将官	大将	
中将			中将	
少将			少将	
大佐		佐官	大佐	
中佐			中佐	
少佐			少佐	
大尉		尉官	大尉	
中尉			中尉	
少尉			少尉	
准尉	准士官		兵曹長	
曹長	下士官		一等兵曹	上等兵曹
軍曹			二等兵曹	一等兵曹
伍長			三等兵曹	二等兵曹
兵長	兵		一等水兵	水兵長
上等兵			二等水兵	上等水兵
一等兵			三等水兵	一等水兵
二等兵			四等水兵	二等水兵

※陸軍准尉は昭和7（1932）年までは特務曹長と呼ばれた。陸軍兵長は日華事変の長期化に伴い兵役期間が延びて古い上等兵が増えたため、昭和15（1940）年に新たに設置された階級であった。

※陸軍では階級の前に兵科呼称をつけていたが、昭和15年に廃止された。それまでは歩兵大佐、騎兵中佐、砲兵少佐、工兵大尉、輜重兵中尉、航空兵少尉（准尉以下、下士官兵も同様）などと表記されていた。ただし、憲兵（大佐以下）、技術、主計、建技、軍医、薬剤、歯科医（少将以下）、衛生（少佐以下）、獣医、獣医務（少佐以下）、軍楽（少佐以下）、法務、法事務（少佐以下）について（以上特記のないものは中将以下）は終戦まで階級呼称に専科名を冠した。

※日本海軍は昭和17年11月に大幅な制度変更を行ない、機関大尉、機関中尉、機関少尉や特務大尉、特務中尉、特務少尉、予備大尉、予備中尉、予備少尉の階級呼称を、たんに大尉、中尉、少尉と称することに変更した。

※同じく日本海軍は昭和17年11月に下士官以下の階級呼称を改定し、とくに兵については陸軍に準じた呼称となった。階級章のデザインもそれまで丸型であったものを5角形のものに変更している。

目次　CONTENTS

陸軍
1

将校－正装・礼装

OFFICER
Full dress
Service dress

正帽
Full dressed cap

正装ボタン
Full doress button

前章
Cap badge

顎紐のボタン
Button of chinstrap

正装（襟）
Full dressed (collar)

将官
General

兵科色
Arm of the
service
color

佐官
Field officer

尉官
Company officer

拳銃嚢
Pistol holster

衣嚢
Kit bag

佐官
Field officer

尉官
Company officer

正馬装
Full dressed horse

乗馬本分と云う身分の将校は、正装の
時に乗る馬にも正装があった。図は明
治期の正装である。馬具は後に改正さ
れているが制式は同じだった

将官
General

▲肩から掛けている
のは大勲位菊花大綬
章の正章、副章は左
胸につけている
Wearing Order of
"Daikunni Kikka
Daijusho"

大将正装
前立は駝鳥の羽根、黒靴
Full dress of General ostrich feather plume, black shoes

歩兵中佐正装
前立は白鷺の羽根。尉官、准尉も同じ
Infantry Lieutenant Colonel full bress, white heron plume
(also company officer's and warrant officer)

▲騎兵少佐正装
近衛騎兵と一般騎兵
は昭和16年の騎兵科
廃止まで儀礼衣が正
衣だった
Cavalry major full dress

◀砲兵大尉礼装
礼装は正装から前立
と飾帯を外したもの。
昭和13年改正の軍刀
を下げている
Service dress artillery
Captain with military
sword model 1938

6

正装（袖）
Full dressed (cuff)

将官
General

佐官
Field officer

尉官
Company officer

准尉官
Warrant officer

兵科色
Arm of the service color

袖の突起章
Full dress cuff chevron
Indicates the rank

大将7本
General 7 strips
中将6本
Lieutenant general 6 strips
少将5本
Major general 5 strips
大佐6本
Colonel 6 strips

中佐5本
Lieutenant Colonel 5 strips
少佐4本
Major 4 strips
大尉3本
Captain 3 strips
中尉2本
Lieutenant 2 strips
少尉1本
2nd Lieutenant 1 strips

元帥 Marshal

武官の最高位は元帥だが、元帥と云う階級は無く、元帥府と云う役所の職員である。元帥の制服と云うものはなく、大将の正装の右胸に元帥徽章をつけ、元帥刀を佩く。

元帥徽章
Marshal badge

元帥刀帯
Full dress belt for Marshal

元帥刀　Marshal sword

正袴
Full dress trousers

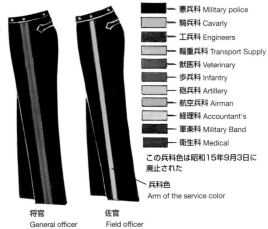

■	憲兵科 Military police
	騎兵科 Cavalry
	工兵科 Engineers
	輜重兵科 Transport Supply
	獣医科 Veterinary
	歩兵科 Infantry
	砲兵科 Artillery
	航空兵科 Airman
	経理科 Accountant's
	軍楽科 Military Band
	衛生科 Medical

この兵科色は昭和15年9月3日に廃止された

兵科色
Arm of the service color

将官
General officer

佐官
Field officer

将官は兵科色による区別はなく、赤色のみ
General's always with red stripes

正肩章
Full dress shoulder strap

将官（大将）
General officer
(General)

尉官（少尉）
Company officer
(2nd Lieutenant)

佐官（中佐）
Field officer
(Lieutenant Colonel)

准尉
Warrant officer

通常礼装肩章
Service dress shoulder strap

（少将）
(Major General)

（中尉）
(Lieutenant)

（大佐）
(Colonel)

（准尉）
(Warrant officer)

通礼肩章は昭和13年に制定された肩章で、普通の軍装に装着して使用

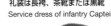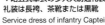

▼昭五式軍衣の歩兵大尉通礼装
礼装は長袴、茶靴または黒靴
Service dress of infantry Captein model 1930, brown or black shoes

九八式軍衣の少尉
通常礼装、昭和13年制定の山形胸章をつけている
2nd Lieutenant service dress with breast chevron model 1938

准尉の正袴の側線は細い
A Warrant officer's
side strap is thin

工兵准尉礼装
Service dress of Engineer
Warrant officer

九八式軍衣の少佐通常礼装
Major service dress model 1938

山型胸章
Mountain-shaped
chest badge

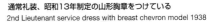

制定時は11科色があったが、廃止後は技術部（黄色）と経理部、衛生部、獣医部、軍学部の5部のみになり、昭和17年初めに全部廃止された

11 departmental colorswere initially designated, but these were breduced to just 5 --Technicians (yellow), accounting, sanitation, vaterinary and military schooling, and then eliminated completely in early 1942.

7

将校 – 正装・礼装

OFFICER
Full dress
Service dress

日本陸軍の服制は明治3年に始まった。
その後、昭和期まで何度かの改正があった
が、太平洋戦争中は主に昭和13年改正の制服
で戦った。(九八式軍衣)
　当時の日本軍の正式名称は「大日本帝国陸
(海)軍」であり、国家年号は日本独自の神
武暦を用い、昭和15年(1940年)は神武
暦2600年となる(神武暦とは神道式の暦)。
　昭和4年から被服、兵器の制式名は年号の

末尾2桁を用いた。例えば九七式中戦車
=2597年式=昭和12年(1937)となる。
　陸軍の制服には、正装、礼装、通常礼装、
軍装、略装があった。
　大礼服と呼ばれた正装は、宮中参賀、紀元節、
天長節、明台節、軍旗、勲章授与、観兵式、
靖国参拝、実家の冠婚葬祭など。礼装は宮中
晩餐会、親任式、親族の冠婚葬祭など。通常
礼装は宮中午餐会、観櫻、観菊、任官、叙任

叙勲、行幸参集、離任式、勲章授与式、一般
の冠婚葬祭など。軍装は観兵式、靖国参拝、
勲章授与、命令布達式、離任式、衛成勤務、
動員部隊、演習、軍法会議など。略装は前の
項に該当しない時に用いた。

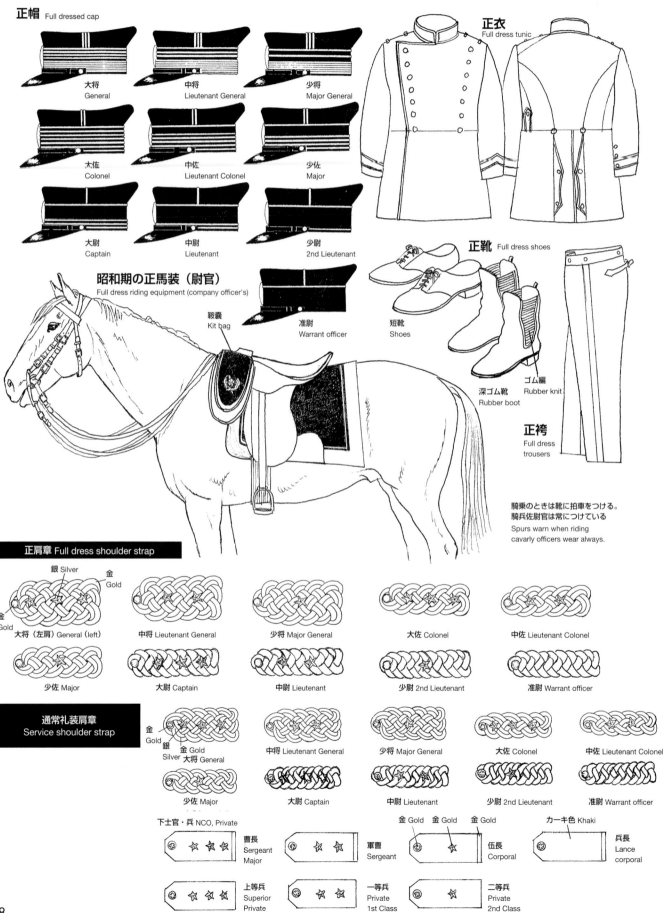

正帽 Full dressed cap

大将 General
中将 Lieutenant General
少将 Major General
大佐 Colonel
中佐 Lieutenant Colonel
少佐 Major
大尉 Captain
中尉 Lieutenant
少尉 2nd Lieutenant
准尉 Warrant officer

昭和期の正馬装（尉官）
Full dress riding equipment (company officer's)

鞍嚢 Kit bag

正衣 Full dress tunic

正靴 Full dress shoes

短靴 Shoes
深ゴム靴 Rubber boot
ゴム編 Rubber knit

正袴 Full dress trousers

騎乗のときは靴に拍車をつける。
騎兵佐尉官は常につけている
Spurs warn when riding
cavalry officers wear always.

正肩章 Full dress shoulder strap

銀 Silver
金 Gold
金 Gold

大将（左肩）General (left)
中将 Lieutenant General
少将 Major General
大佐 Colonel
中佐 Lieutenant Colonel
少佐 Major
大尉 Captain
中尉 Lieutenant
少尉 2nd Lieutenant
准尉 Warrant officer

通常礼装肩章 Service shoulder strap

金 Gold
銀 Silver
金 Gold

大将 General
中将 Lieutenant General
少将 Major General
大佐 Colonel
中佐 Lieutenant Colonel
少佐 Major
大尉 Captain
中尉 Lieutenant
少尉 2nd Lieutenant
准尉 Warrant officer

下士官・兵 NCO, Private
金 Gold　金 Gold　金 Gold
カーキ色 Khaki

曹長 Sergeant Major
軍曹 Sergeant
伍長 Corporal
兵長 Lance corporal
上等兵 Superior Private
一等兵 Private 1st Class
二等兵 Private 2nd Class

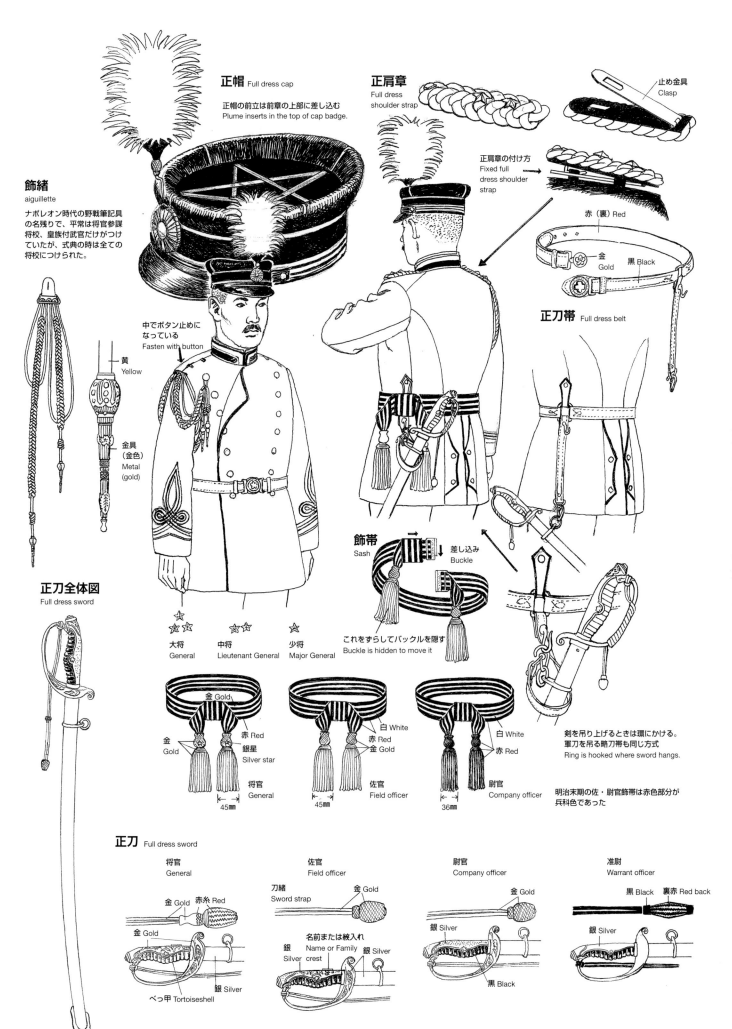

正帽 Full dress cap

正帽の前立は前章の上部に差し込む
Plume inserts in the top of cap badge.

正肩章
Full dress
shoulder strap

止め金具
Clasp

正肩章の付け方
Fixed full
dress shoulder
strap

赤（裏）Red

金
Gold

黒 Black

正刀帯 Full dress belt

飾緒
aiguillette

ナポレオン時代の野戦筆記具
の名残りで、平常は将官参謀
将校、皇族付武官だけがつけ
ていたが、式典の時は全ての
将校につけられた。

黄
Yellow

金具
（金色）
Metal
(gold)

中でボタン止めに
なっている
Fasten with button

正刀全体図
Full dress sword

☆☆☆
大将
General

☆☆
中将
Lieutenant General

☆
少将
Major General

飾帯
Sash

差し込み
Buckle

これをずらしてバックルを隠す
Buckle is hidden to move it

剣を吊り上げるときは環にかける。
軍刀を吊る略刀帯も同じ方式
Ring is hooked where sword hangs.

金 Gold

金
Gold

赤 Red
銀星
Silver star

将官
General

45mm

白 White
赤 Red
金 Gold

佐官
Field officer

45mm

白 White
赤 Red

尉官
Company officer

36mm

明治末期の佐・尉官飾帯は赤色部分が
兵科色であった

正刀 Full dress sword

将官
General

佐官
Field officer

尉官
Company officer

准尉
Warrant officer

金 Gold　赤糸 Red

金 Gold

銀 Silver

べっ甲 Tortoiseshell

刀緒
Sword strap

金 Gold

名前または紋入れ
Name or Family
crest

銀
Silver

銀 Silver

金 Gold

銀 Silver

黒 Black

黒 Black　裏赤 Red back

銀 Silver

陸軍 2

将校 – 軍装・略装

OFFICER
Service dress,
Undress uniform

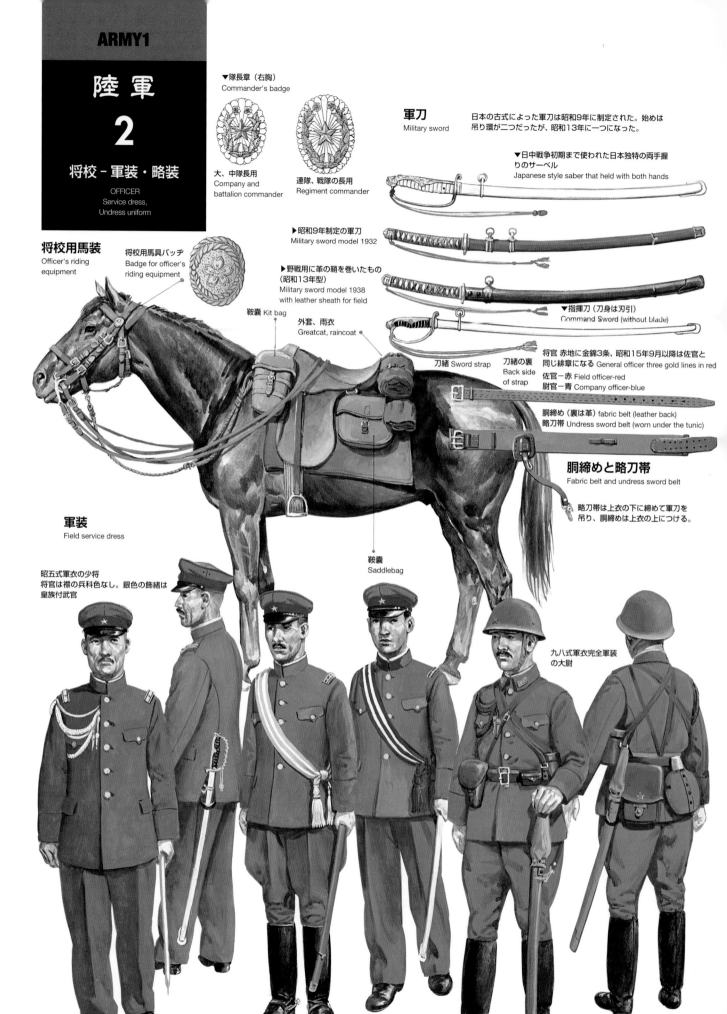

▼隊長章（右胸）
Commander's badge

大、中隊長用
Company and
battalion commander

連隊、戦隊の長用
Regiment commander

軍刀
Military sword

日本の古式によった軍刀は昭和9年に制定された。始めは
吊り環が二つだったが、昭和13年に一つになった。

▼日中戦争初期まで使われた日本独特の両手握
りのサーベル
Japanese style saber that held with both hands

▶昭和9年制定の軍刀
Military sword model 1932

▶野戦用に革の鞘を巻いたもの
（昭和13年型）
Military sword model 1938
with leather sheath for field

▼指揮刀（刀身は刃引）
Command Sword (without blade)

刀緒 Sword strap

刀緒の裏
Back side
of strap

将官 赤地に金錦3条、昭和15年9月以降は佐官と
同じ緋章になる General officer three gold lines in red
佐官－赤 Field officer-red
尉官－青 Company officer-blue

胴締め（裏は革）fabric belt (leather back)
略刀帯 Undress sword belt (worn under the tunic)

胴締めと略刀帯
Fabric belt and undress sword belt

略刀帯は上衣の下に締めて軍刀を
吊り、胴締めは上衣の上につける。

将校用馬装
Officer's riding
equipment

将校用馬具バッヂ
Badge for officer's
riding equipment

鞍嚢 Kit bag

外套、雨衣
Greatcat, raincoat

鞍嚢
Saddlebag

軍装
Field service dress

昭五式軍衣の少将
将官は襟の兵科色なし。銀色の飾緒は
皇族付武官

九八式軍衣完全軍装
の大尉

This Major General wears model 1930
service dress, without arm of service
color of collar, silver aiguillette indicates
military attache to the Imperial family.

副官懸章をつけた騎兵中佐
（昭五式）
Cavalry Lieutenant Colonel
with adjutant sash (model
1930)

週番懸章をつけた歩兵少尉
（昭五式）
Infantry 2nd Lieutenant
with sash that indicates duty
officer of the week (model 1930)

拳銃は私物のブローニング、野戦用飾緒は茶
色、軍刀に柄袋をはめている
This Captain wears model 1938 (Type 98)
service dress with full equipment, his private
property Browning pistol, brown color field
aiguillette, covered hilt of military sword.

略装
undress uniform

三式軍衣の少尉
将校用背嚢をつけ、革脚絆をつけている
This 2nd Lieutenant wears model 1943 (Type 3) service dress, officer's knapsack, leather ankle boots.

防署帽 防署衣の中尉
野戦ではネクタイを外しシャツを開襟とする
This 2nd Lieutenant wears sun helmet and tropical uniform, a necktie is put off and a shirt collar is worn outside of the the tunic collar in a field.

防署襦絆（シャツ）をつけた中尉
軍刀に汗よけの白布を巻いている
This Lieutenant wears tropical shirt, note the white band wound hilt.

将官－3本 General offier three lines
佐官－2本 Field officer two lines
尉官－1本 Company officer one line

昭和13年までの襟章を着用した佐官
Field officer with pre-1938 model collar patch.

将官－星3個 General officer three stars
佐官－星2個 Field officer-two stars
尉官－星1個 Company officer-one star

九八式雨衣（レインコート）の大尉
外套や外被のフードを被った時、階級章が隠れてしまうので、留め布の上に階級を示す線をつける
The Captain wears model 1938 (Type 98) raincoat, the lines in front of the neck indicates the rank.

三式の外套をつけた少尉
袖に尉官を示す線（1本）と少尉を示す星章が一つつく
This 2nd Lieutenant wears model 1943 (Type 3) greatcoat, the single line and a star on the cuff star on the cuff indicate 2nd Lieutenant.

戦争末期のシングルの外套の中佐
袖章2本と星章2個（中佐）がついている
Lieutenant Colonel wearing the late model single-breasted overcoat, double lines and two stars indicate Lieutenant Colonel

後期の将校マントを着た准尉
Warrant officer wearing late officer's mantle.

軍衣袴 field service dress

胸章（1938-1943）
Breast badge

技術・衛生・軍楽
経理・獣医

昭和5年（1930年）制定の軍衣は詰襟で肩章付、袖に折り返しがあるのが将校用軍衣の特徴。私物なので身体（身長・体格）に合わせたり、襟を高くしたりできた

九八式（1938年）の軍衣は折り襟で、階級章は襟につけた

右胸に付けた兵科色の山型章は昭和15年に廃止された。胸章の廃止は昭和18年。

三式（1943年）は階級章が大きくなり、袖に将校を表わす濃緑色丸布座付き星章がついた。袖線は将官が3本、佐官が2本、尉官が1本、星は大将、大佐、大尉が三つ、中将、中佐、少尉が二つ、少将、少佐、少尉が一つであった。

昭5式軍衣
Model 1931 service tunic

98式軍衣
Model 1938 (Type 98) service tunic

長袴
（外出・営内用）
Long trousers

短袴
（野戦用）
Breeches

将校用の襟
Stand collar of officer

兵用の襟
Stand collar of privata

軍帽 Peaked cap

▲ 明治38年（1905年）に制定されたもので、その後の変化は少なかった

略帽 field cap

▲野戦用で戦闘帽と呼ばれ、鉄帽の下にそのまま被れた。夏用と冬用があった

金糸
Gold thread

カーキ地
Khaki cloth

将校用前章とストラップボタン
Officer's cap badge and chinstrap button

防署帽
Cork sun helmet

▲フェルト型押しで2、3種類あった。
星三つは将官用、二つが佐官用、一つが尉官用

三式軍衣
Model 1943 (Type 3) service tunic

着装

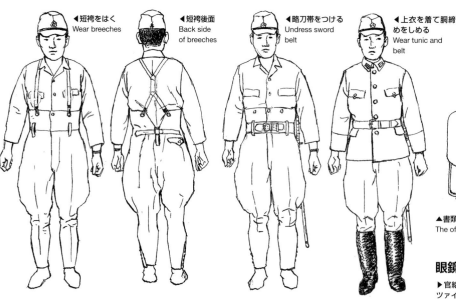

◀短袴をはく
Wear breeches

◀短袴後面
Back side of breeches

◀略刀帯をつける
Undress sword belt

◀上衣を着て胴締めをしめる
Wear tunic and belt

図嚢
Dispatch case

▲書類や地図を入れる鞄で、将校用は大型であった
The officer's dispatch case was bigger than other's

眼鏡 Field glasses

▶官給品は九五式眼鏡で、ツァイスなどの私物も多く見られた

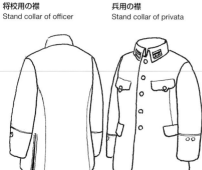

水筒 Water bottle

◀兵用より厚いアルミ製で、旧型の物は小さく、後に大型となった

九四式拳銃嚢 Type 94 pistol holster

◀官給品は九四式拳銃であったが、ブローニングやモーゼルなども多かった

長靴 Boots

短靴 Shoes

◀長靴は黒か茶でかかとに拍車留がついている。上部の切口が水平なのが一般将校用、やや曲線のついたのが騎兵用であった。
将校用編上靴は上部が長く、この上から革脚胖、ゲートルなどを巻いて使用した

刀緒の使い方
Sword strap in use

肩章 Shoulder strap

日本帝国陸軍の階級は将校、准士官、下士官、兵の四段階に分けられていた。下士官以上を陸軍武官と呼び、将校は勅任官、奏任官、准士官は判任官という官職の武官であった。

正規の将校コースは陸軍幼年学校（年齢13～15才の志願者、期間3年）、陸軍予科士官学校（2年）、陸軍士官学校（1年8ヶ月）であり、陸士卒業と同時に少尉に任官した。さらに上級武官を目指すには陸軍大学へ進んだ。陸軍士官学校昭5式軍衣の階級章は肩章であった。

将官は通称ベタ金と呼ばれたように金の部分が多く、反対に最下級の二等兵の肩章は赤一色なので赤タンと呼ばれた。

襟には鍬形でラシャ地の兵科色をつけ、その上に兵科徽章、連隊番号などをつけた。

金 Gold

大将 General

大佐 Colonel

中佐は星二つ、少佐は星一つ
Lieutenant Colonel (two stars),
Major (one star)

曹長 Sergeant Major

軍曹は星二つ、伍長は星一つ
Sergeant (two stars),
Corporal (one star)

赤 Red

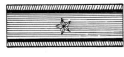
中将 Lieutenant General

大将 Colonel → (大尉 Captain)

中尉は星二つ、少尉は星一つ
Lieutenant (two stars),
2nd Lieutenant (one star)

少将 Major General

准尉／特務曹長 Warrant officer

上等兵 Superior Private

一等兵は星二つ、二等兵は星一つ
Private 1st Class (two stars),
Private 2nd Class (one star)

肩章寸法 size of shoulder strap
9cm / 3cm

大将以下伍長までの星は金、兵の星は黄ラシャ
General～Corporal：gold star, private：yellow star

徽章 Badge

歩兵第34連隊付き将校以下兵まで
34th Infantry regiment

左の連隊付き見習士官
34th Infantry regiment's probationary officer

後備第70連隊付き将校以下兵まで
70th second reserve regiment

山砲第5連隊付き将校以下兵まで
5th mountain gun regiment

上段右端の連隊付き見習士官
5th mountain gun regiment's probationary officer

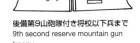
後備第9山砲付き将校以下兵まで
9th second reserve mountain gun troopv

連隊番号のない重砲兵隊付き将校以下兵まで
Heavy artillery

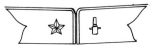
左の隊付き見習士官
Heavy artillery probationary officer

師団毎に番号をつけた後備隊付き将校以下兵まで
Second reserve troop with divisional number

将校用の襟は兵より高い、鍬形は自由な形
The officer's stand collar is higher than private's

襟部徽章をつけない隊付き見習士官
Probationary officer without collar badge

師団の称号のみを付けた後備山砲隊付き将校以下兵まで
Second reserve with only divisional insignia

予備、後備見習士官
Second reserve probationary officer

師団の称号のみをつけた後備山砲隊付き将校以下兵まで
Second reserve mountain gun troop with only divisional insignia

教導隊付き各兵科下士官
NCO of military school

国民軍隊付き将校以下兵まで（台湾、朝鮮）
National army (Taiwan, Korea)

襟部徽章 Collar Badge

① 台湾歩兵連隊 Taiwanese infantry regiment
② 電信隊 Signal troop
③ 自動車隊 Motorcar troop
④ 軍楽隊 Military band
⑤ 重砲兵隊 Heavy artillery regiment
⑥ 戦車隊 Tank troop
⑦ 気球隊 Balloon troop
⑧ 士官候補生 Cadet Probationary officer
　 見習士官 Probationary officer
⑨ 独立守備大隊 Indipendent guard battalion
⑩ 鉄道連隊 Railway regiment
⑪ 飛行隊 Air man
⑫ 諸学校教導隊 Military school
⑬ 山砲兵隊 Mountain artillery
⑭ 台湾山砲兵連隊 Taiwanese mountain artillery
⑮ 高射砲隊 Anti-aircraft artillery
⑯ 後備役見習士官 Second reserve
　 各兵科幹部候補生 Probationary officer

⑰ 精勤章 Diligence badge
⑱ 鞍工長 Saddler
⑲ 靴工長 Shoemaker
⑳ ラッパ長、ラッパ手 Bugle major, bugler
㉑ 上等看護兵 Senior nurse
㉒ 火工掛下士 NCO of smith
㉓ 蹄鉄工長 Farrier major
㉔ 銃工長 Gun smith major
㉕ 黄色 Yellow
　 伍長勤務上等兵 Lance Corporal
㉖ 木工長 Master carpenter
㉗ 砲台監守下士 NCO of gun battery
㉘ 鍛工長（鍛冶屋）Master smith

㉙ 縫工長 Master seamster
㉚ 薬剤官 Senior pharmacist
　 薬剤生 Pharmacist
　 磨工勤務 Medical grinder
　 看護兵 Nurse
　 看護長 Chief nurse
㉛ 陸軍監獄長 Governor of army prison
　 陸軍監獄署長 Chief prison guard
　 陸軍監獄監守 Prison guard

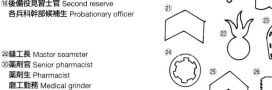
0 1 2 3 4 5 6 7 8 9
襟部徽章用アラビア数字
Arabic figures of collar badge

I II III IIII IV V VI VII VIII IX
襟部徽章用ローマ数字
Roman figures of collar badge

右腕に精勤章をつけた歩兵第2連隊ラッパ手
This bugler of 2nd Infantry regiment wears a diligence badge on the right arm.

臂章 arm patch

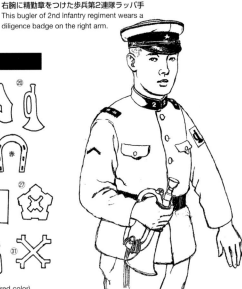

⑰ ⑱ ⑲ ⑳
㉑ ㉒ ㉓
赤
㉔ ㉕ ㉖ ㉗
黄
㉘ ㉙ ㉚ ㉛

（ひしょう 袖章、全て赤色）(red color)

13

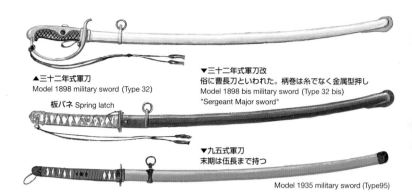

下士刀
NCO Sword

▲三十二年式軍刀
Model 1898 military sword (Type 32)

板バネ Spring latch

▼三十二年式軍刀改
俗に曹長刀といわれた。柄巻は糸でなく金属型押し
Model 1898 bis military sword (Type 32 bis)
"Sergeant Major sword"

▼九五式軍刀
末期は伍長まで持つ
Model 1935 military sword (Type95)

下士官
NCO.

▶南部十四年式拳銃に下士官用革脚絆をつけた曹長。
1個小隊は小銃分隊3、軽機、擲弾筒各1個分隊から構成されていた。1個分隊は2班で、1班は4名からなる。小隊長は少尉で准尉、曹長は小隊長補佐、分隊長は軍曹、班長は伍長か兵長であった
This Sergeant Major wears a NCO's leather ankle boots with Nanbu Type 14 Otsu pistol.
The infantry platoon consisted of three rifle squads with one knee mortar and light machine gun squad each. Each squad consisted of two parties. A party consisted of four men. The platoon was commanded by a 2nd Lieutenant and the squad was commanded by a Sergeant. The party was commanded by a Corporal or a Staff Lance Corporal.

◀サーベルは連隊本部付、または永年勤続の営外居住下士官のみが所持していた
Regimental staff NCO was equipped a sabre.

▲昭五式軍衣に将校用より太い下士官用長靴をはき、南部14年式拳銃、下士官用図嚢（天地20cm×左右14cm）をつけた曹長
This Sergeant Major wears model 1930 service dress with Nanbu type 14 pistol and dispatch case (20cm×14cm) for NCO.

▲長靴に拍車を着けているのは砲兵と輜重兵の下士官のみ
Only artillery and transport Supply NCOS were wearing a spur.

兵
Private

◀昭五式軍衣の一等兵
外出着
裾の細いズボンは短袴という
This Private Ist class wears model 1930 service dress.

▶九八式軍衣に通礼肩章をつけた軍曹
普通のズボンは長袴という
This Sergeant wears model 1938 (Type 98) service dress with full dress shoulder strap.

▶ダブルの昭5式外被（外套）軍帽の上からフードを被れる。雨衣も同形式
Model 1930 double breasted greatcoat

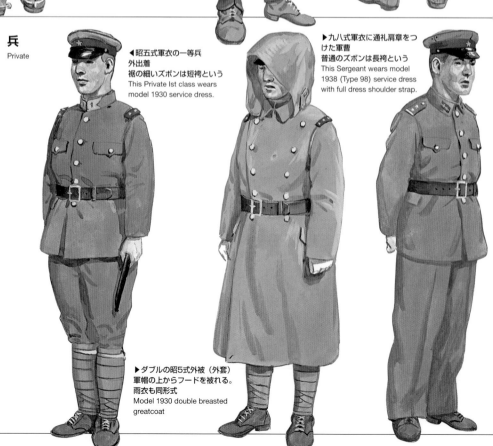

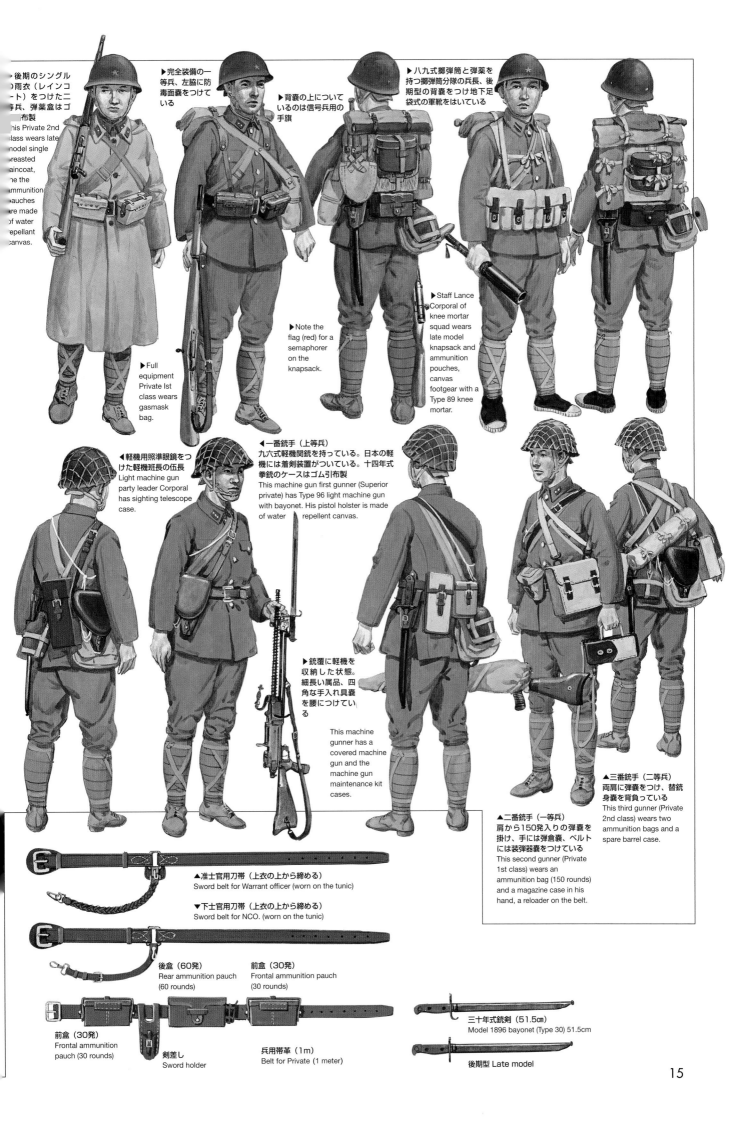

▶後期のシングル
（）雨衣（レインコ
ート）をつけたニ
等兵、弾薬盒はゴ
等製
his Private 2nd
lass wears late
model single
reasted
aincoat,
e the
mmunition
ouches
re made
of water
epellent
anvas.

▶完全装備の一
等兵、左脇に防
毒面嚢をつけて
いる

▶背嚢の上について
いるのは信号兵用の
手旗

▶八九式擲弾筒と弾薬を
持つ擲弾筒分隊の兵長、後
期型の背嚢をつけ地下足
袋式の軍靴をはいている

▶Note the
flag (red) for a
semaphorer
on the
knapsack.

▶Staff Lance
Corporal of
knee mortar
squad wears
late model
knapsack and
ammunition
pouches,
canvas
footgear with a
Type 89 knee
mortar.

▶Full
equipment
Private Ist
class wears
gasmask
bag.

◀軽機用照準眼鏡をつ
けた軽機班長の伍長
Light machine gun
party leader Corporal
has sighting telescope
case.

◀一番銃手（上等兵）
九六式軽機関銃を持っている。日本の軽
機には着剣装置がついている。十四年式
拳銃のケースはゴム引布製
This machine gun first gunner (Superior
private) has Type 96 light machine gun
with bayonet. His pistol holster is made
of water   repellent canvas.

▶銃覆に軽機を
収納した状態。
細長い属品、四
角な手入れ具嚢
を腰につけてい
る

This machine
gunner has a
covered machine
gun and the
machine gun
maintenance kit
cases.

▲三番銃手（二等兵）
両肩に弾嚢をつけ、替銃
身嚢を背負っている
This third gunner (Private
2nd class) wears two
ammunition bags and a
spare barrel case.

▲二番銃手（一等兵）
肩から150発入りの弾嚢を
掛け、手には弾倉嚢、ベルト
には装弾器嚢をつけている
This second gunner (Private
1st class) wears an
ammunition bag (150 rounds)
and a magazine case in his
hand, a reloader on the belt.

▲准士官用刀帯（上衣の上から締める）
Sword belt for Warrant officer (worn on the tunic)

▼下士官用刀帯（上衣の上から締める）
Sword belt for NCO. (worn on the tunic)

後盒（60発）
Rear ammunition pauch
(60 rounds)

前盒（30発）
Frontal ammunition pauch
(30 rounds)

前盒（30発）
Frontal ammunition
pauch (30 rounds)

剣差し
Sword holder

兵用帯革（1m）
Belt for Private (1 meter)

三十年式銃剣（51.5㎝）
Model 1896 bayonet (Type 30) 51.5cm

後期型 Late model

15

下士官・兵 – 軍装

NCO・PRIVATE
Service dress

日本帝国陸軍での下士官とは曹長、軍曹、伍長の総称で、兵はその下の上等兵、一等兵、二等兵であった。昭和15年に兵長が設けられると、この兵長以下を兵と総称した（それまでは古い上等兵を伍長勤務上等兵とする、一段上の扱いがあった）。

下士官と兵の軍装は同じだが、曹長には軍刀、長靴、図嚢などが支給された。

九八式軍衣袴
Model 1938 Service dress

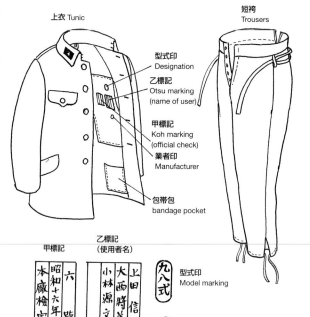

上衣 Tunic

短袴
Trousers

型式印
Designation

乙標記
Otsu marking
(name of user)

甲標記
Koh marking
(official check)

業者印
Manufacturer

包帯包
bandage pocket

銃剣の吊り方
Bayonet

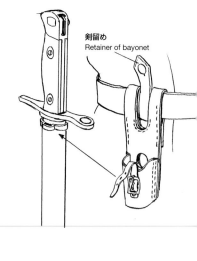

剣留め
Retainer of bayonet

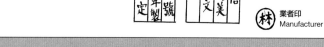

甲標記

乙標記
（使用者名）

九八式
型式印
Model marking

（林）
業者印
Manufacturer

着装の順序　The manner of Dress

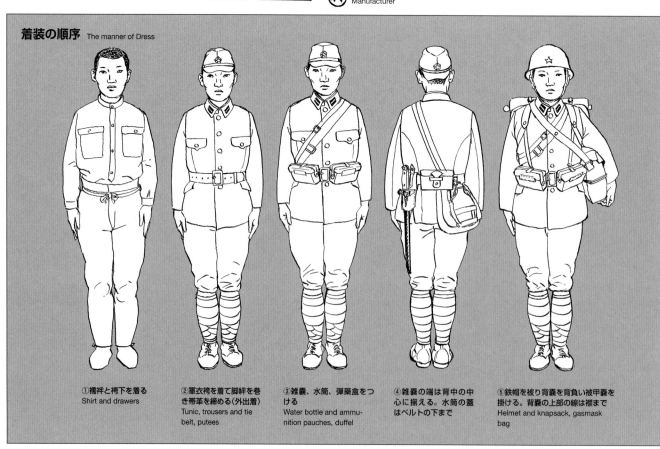

①襦袢と袴下を着る
Shirt and drawers

②軍衣袴を着て脚絆を巻き帯革を締める（外出着）
Tunic, trousers and tie belt, puttees

③雑嚢、水筒、弾薬盒をつける
Water bottle and ammunition pauches, duffel

④雑嚢の端は背中の中心に揃える。水筒の蓋はベルトの下まで

⑤鉄帽を被り背嚢を背負い被甲嚢を掛ける。背嚢の上部の線は襟まで
Helmet and knapsack, gasmask bag

水筒　Water bottle

▶九四式甲
旧型の水筒
Model 1934 Koh
(Type 94 Koh) water bottle

▶九四式乙
同タイプでゴム製が94式丙
Model 1934 Otsu (Type 94 Otsu) water bottle

軍靴　Shoes

締めたひもの余りは足首を二回りして留める

◀牛革製で表皮を中にして仕立ててある。土踏まずに年式、横腹にサイズが刻印されていた
The shoes were made of hide and the size marked on its flank.

脚絆
Puttees

結び方

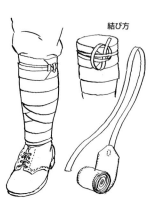

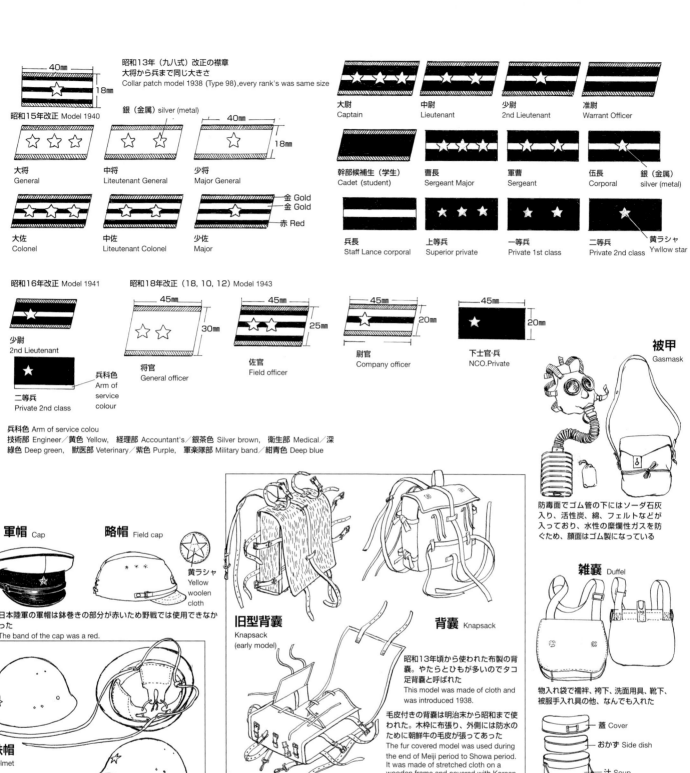

昭和13年（九八式）改正の襟章
大将から兵まで同じ大きさ
Collar patch model 1938 (Type 98),every rank's was same size

40mm　18mm

昭和15年改正 Model 1940
銀（金属）silver (metal)　40mm　18mm

大将 General　中将 Lieutenant General　少将 Major General

大佐 Colonel　中佐 Lieutenant Colonel　少佐 Major

金 Gold　金 Gold　赤 Red

大尉 Captain　中尉 Lieutenant　少尉 2nd Lieutenant　准尉 Warrant Officer

幹部候補生（学生）Cadet (student)　曹長 Sergeant Major　軍曹 Sergeant　伍長 Corporal　銀（金属）silver (metal)

兵長 Staff Lance corporal　上等兵 Superior private　一等兵 Private 1st class　二等兵 Private 2nd class　黄ラシャ Ywllow star

昭和16年改正 Model 1941
少尉 2nd Lieutenant
二等兵 Private 2nd class　兵科色 Arm of service colour

昭和18年改正（18，10，12）Model 1943
45mm　30mm　将官 General officer
45mm　25mm　佐官 Field officer
45mm　20mm　尉官 Company officer
45mm　20mm　下士官・兵 NCO.Private

兵科色 Arm of service colou
技術部 Engineer／黄色 Yellow，　経理部 Accountant's／銀茶色 Silver brown，　衛生部 Medical／深緑色 Deep green，　獣医部 Veterinary／紫色 Purple，　軍楽隊部 Military band／紺青色 Deep blue

被甲 Gasmask
防毒面でゴム管の下にはソーダ石灰入り、活性炭、綿、フェルトなどが入っており、水性の糜爛性ガスを防ぐため、顔面はゴム製になっている

軍帽 Cap　**略帽 Field cap**
黄ラシャ Yellow woolen cloth
日本陸軍の軍帽は鉢巻きの部分が赤いため野戦では使用できなかった
The band of the cap was a red.

鉄帽 Helmet
クロームモリブデン鋼のヘルメットで天頂に浅いうねがあり、空気抜きの穴が四つ開いている。北方作戦時は白、射撃演習時の観的手は赤
It was made of chrome molybdenum steel. It was painted in white during the northern campaign.

旧型背嚢 Knapsack (early model)　**背嚢 Knapsack**
昭和13年頃から使われた布製の背嚢。やたらとひもが多いのでタコ足背嚢と呼ばれた
This model was made of cloth and was introduced 1938.

毛皮付きの背嚢は明治末から昭和まで使われた。木枠に布張り、外側には防水のために朝鮮牛の毛皮が張ってあった
The fur covered model was used during the end of Meiji period to Showa period. It was made of stretched cloth on a wooden frame and covered with Korean oxhide to make it water proof.

雑嚢 Duffel
物入れ袋で襦袢、袴下、洗面用具、靴下、被服手入れ具の他、なんでも入れた

蓋 Cover
おかず Side dish
汁 Soup
飯 Rice
飯盒 Messtin
軍用は二重飯盒、アルミ製で本体、中盒、蓋からなり、1回で2食分が炊ける

カーキ色 Khaki
背負い袋 Bandolier
白 white

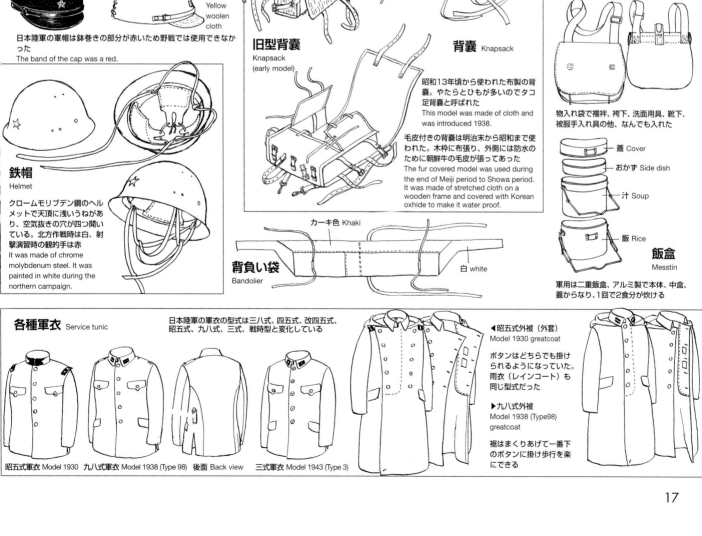

各種軍衣 Service tunic
日本陸軍の軍衣の型式は三八式、四五式、改四五式、昭五式、九八式、三式、戦時型と変化している

昭五式軍衣 Model 1930　九八式軍衣 Model 1938 (Type 98)　後面 Back view　三式軍衣 Model 1943 (Type 3)

◀昭五式外被（外套）
Model 1930 greatcoat
ボタンはどちらでも掛けられるようになっていた。雨衣（レインコート）も同じ型式だった

▶九八式外被
Model 1938 (Type98) greatcoat
裾はまくりあげて一番下のボタンに掛け歩行を楽にできる

特殊地方用被服
Special clothing for
extreme climates

防寒水筒覆
Water bottle cover
for protection
against the cold

防寒飯盒覆
Mess tin cover for
protection against the cold

▼防寒帽をつけ、袖をとり外せる防寒外套をつけた
兵長
長靴をはいている、防寒大手袋は人差し指を出せる
This Staff Lance corporal wears a special winter
great coat with fur cap and special winter boots.

防寒被服
Special winter dress

防寒覆面
Special
winter
knitted
toque

防寒襦袢
Special winter shirt

◀普通の軍衣の上に簡単な白外
被をつけている。白外被には2
～3種があった
This soldier wears a hooded
snow smock over his normal
field uniform.

防寒半靴
Special winter half
boots

防寒脚絆
Special winter anklet

防寒袴
Special
winter
trousers

防寒
大手袋
Special
winter
mitten

防寒靴、この上に防寒脚絆をつける
Special winter over shoes and anklet

防寒長靴
Special winter boots

滑止金具
Ice cleat

熱地用被服
Tropical dress

◀防蚊覆面
Screen for
protection
against
mosquitos

▲眼簾 Eye screen

▼防蚊手袋
指を出せる
Mitten for protection against
mosquitos

▲防暑衣は脇に通風孔
がある
Tropical dress has a
pair of ventilation flaps
on both flanks.

▲袴の裾を絞り、巻き
脚絆をつける。左腕に
兵用の週番腕章
The puttees were put
on the tighten cuffs of
trousers. The white and
red arm band indicates
weekly duty (private).

▲防暑衣袴に防暑帽を被っ
た兵
Tropical dress with corked
helmet Hidy

▲夏用襦袢の下士官
This NCO wears a
summer shirt.

▲防蚊覆面をつけた歩哨
Sentinel with screen for
protection against mosquitos.
rotection against

作業衣
Working dress

水上作業帽 working cap
水上作業衣袴 working dress
上衣の袖は絞れる

水上作業衣
Aboard (aquatic) working dress

▲第一種作業衣袴、炊事 衛生作業の時に着る
1st category working dress for medical work and cooking.

第二種作業袴
2nd category working dress

防水外套
Waterproof coat

臂章
Arm patch

作業衣用ベルト

Belt for 2nd category working dress

上等兵勤務者用
（後の兵長）
Superior private

伍長勤務
上等兵
Lance-Corporal

特技勤務見習士官
及び准尉用
Cadet and Warrant Offier

将校は防寒外套、防水外套着用時のみ両腕につける。その他の時は左腕のみ
The officer wore this one on the left arm also, but both arms when he wearing a greatcoat or a waterproof coat.

作業帽の白線は
The white line of cap indicates rank.
3本一将校
3 lines Officer
2本一准士官
2 lines Warrant Officer
1本一下士官 1 line NCO

▲水上防水外套
Aboard waterproof coat

◀水上作業袴はラッパズボンですぐに脱げる
Bell-bottomed aboard trousers

防寒作業衣袴の着装順序
Special winter working dress

▼防寒作業衣の兵長章は臨時に下士勤務する兵のもの

作業用防寒半靴
Special winter working half boots

運動靴
Sports shoes

▲作業用防寒袴の裾を絞り、作業用防寒衣をつける。防寒帽を被り、作業用防寒半靴をつけ、防寒大手袋をつける。この手袋は人差し指が別で他の指もだせる
Special working jacket and tight cuffs of the special winter working trousers. Cap and the special winter mitten, and special winter working boots.

This Superior Private wears special winter working dress with the arm patch which indicates temporary NCO duty.

▲運動帽、運動衣袴、運動帯をつけた兵
This Private wears a sports cap sportswear, a sports belt.

防毒衣・看護衣・患者衣

Gasproof dress,
Nursing dress,
Patient dress

ガス勤務用被服 Gasproof dress

ゴム引き茶褐色（カーキ色）のガス防護服で糜爛性ガスを防ぐ、さらに呼吸性のガスを防ぐため顔面に被甲（ガスマスク）をつける

Rubber coated khaki gasproof dress. It was used with a gasmask.

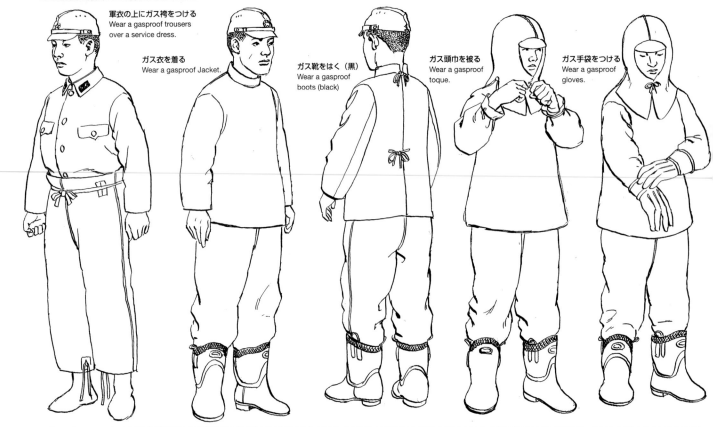

軍衣の上にガス袴をつける
Wear a gasproof trousers over a service dress.

ガス衣を着る
Wear a gasproof Jacket.

ガス靴をはく（黒）
Wear a gasproof boots (black).

ガス頭巾を被る
Wear a gasproof toque.

ガス手袋をつける
Wear a gasproof gloves.

患者衣 Patient dress

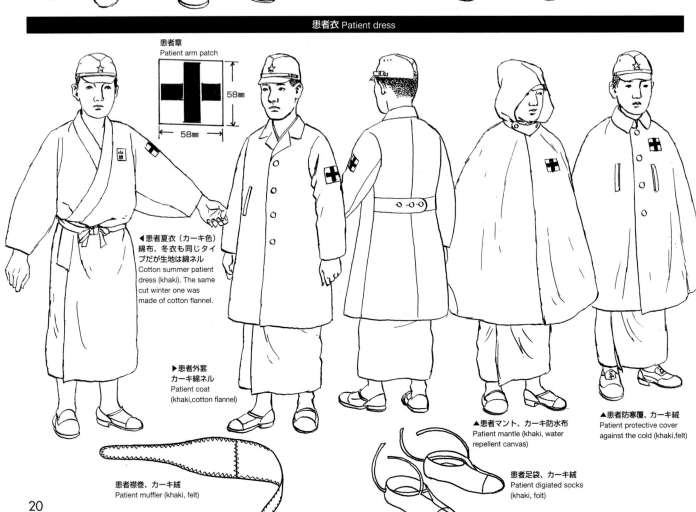

患者章
Patient arm patch

58mm
58mm

◀患者夏衣（カーキ色）
綿布、冬衣も同じタイプだが生地は綿ネル
Cotton summer patient dress (khaki). The same cut winter one was made of cotton flannel.

▶患者外套
カーキ綿ネル
Patient coat
(khaki,cotton flannel)

▲患者マント、カーキ防水布
Patient mantle (khaki, water repellent canvas)

▲患者防寒覆、カーキ絨
Patient protective cover against the cold (khaki,felt)

患者襟巻、カーキ絨
Patient muffler (khaki, felt)

患者足袋、カーキ絨
Patient digiated socks
(khaki, folt)

20

看護帽（茶褐色）
Nursing cap
(brown)

看護帽（紺）
Nursing cap
(dark blue)

日赤看護婦
Japanese
red cross
nurse

看護略衣（カーキ色、日赤は白）

看護略帽
カーキ色、
日赤は白

陸軍看護衣
Army nurse

看護衣（茶褐色）
Nursing dress
(brown)

黒靴
Black shoes

茶
(Brown)

白靴
White shoes

星章（左襟）　　　　Rank badge (left collar)
2個―看護婦長　　　2 stars-chief nurse
1個―看護婦　　　　1star -nurse

▲防寒衣
表紺絨、裏黒しゅす、靴下（黒）、黒靴
Winter uniform (dark blue felt) black socks
and black shoes

▲日赤看護婦長の防暑衣（カーキ色）
襟章は桜、看護婦は胸ポケットなし
This Japanese red cross chief nurse
wears khaki tropical uniform, the
nurse's one had no breast pocket.

前垂（カーキ色）Apron (khaki)

帯（紺、金具銀）Belt (dark blue, silver buckle)

Nursing undress uniform
(khaki, Japanese red cross
nurse wore a white one)
Nursing dress (khaki) calico
Scuffles (black)Nursing
undress cap (khaki,
Japanese red cross nurse
wore a white one)

注：図の陸軍看護婦の他
に現地採用の陸軍特別看
護婦、日赤の戦時救護班
がいた

下士官・兵用品、補遺　Appendix of private and NCO.

　下士官・兵の被服などは官給品で、入営すると支
給される。
　兵器は三八式歩兵銃（または九九式）、三十年式銃
剣、鉄帽、覆甲（ガスマスク）等であり、被服は軍
衣袴（冬）、夏衣袴、作業衣袴、外套、雨衣、巻脚絆、
編上靴、営内靴、上履、夏衣、冬襦袢（シャツ）、袴
下（もも引き）、靴下、襟布、日覆、白帯、腹巻、背

裏、飯盒、水筒、雑嚢、携帯天幕被服手入具、寝具
などがある。
　さらに下士官には南部十四年式拳銃と曹長刀が支
給された。被服は程度により、一装、二装、三装と
分けられ、一装は儀式、二装は演習、三装は作業な
どに着用した。

補助脚絆
Auxiliary puttee

襟布（カーキ色）
Scarf (khaki) 824mm 500mm

824㎜

500㎜

冬襦袢（薄いカーキ色）
Winter shirt (light khaki)

夏襦袢（薄いカーキ色、襟はカーキ色）
Summer shirt (light khaki with khaki collar)

営内靴（革）
Scuffles (leather)

帽覆（正帽用）（白）
Cap cover for dress cap (white)
（演習時につける）

冬袴下（白綿布）
Winter drawers (white cotton)

帽垂れ（略帽用）
Neckflap for field cap

夏袴下（薄いカーキ色）
Summer drawers (light khaki)

短靴（革）
Shoes (leather)

布
Cloth

陸軍 5

近衛兵
The Imperial Guards

近衛騎兵 Guard cavalry

佐官用馬具（十四年式）1925タイプ
Model 1925 harness of Field officer

近衛騎兵少佐
Guard cavalry Major

袖章は正衣と同じ
Cuff was the same
as the full dress

近衛騎兵准尉
Guard cavalry Warrant officer

尉官用馬具
Harness of Company officer

八八式騎兵槍（2.5m）
Type88 Cavalry lance

兵用馬具
Harness of
Private

軍旗小隊長の近衛騎兵少尉
士官、准士官の上衣は短い
Guard cavalry

下士官、兵、儀礼衣袖章
Full dress cuff of NCO and Private

伍長
Corporal

軍曹
Sergeant

曹長
Sergeant Major

二等兵
Private
2nd class

一等兵
Private
1st class

上等兵
Superior
Private

兵長
Staff Lance
Corporal

供奉旗を持つ近衛騎兵一等兵
供奉の時は黒長靴
Guard cavalry Private 1st class
with Model 1918 lance.

天皇旗の旗手
近衛騎兵曹長
Guard cavalry
Sergeant Major

軍帽の前章 Cockade

略帽の前章 Cockade for side cap

兵用肩章 Shoulder strap of private

左肩 Left shoulder　　　　右肩 Right shoulder

兵用襟章
Collar of private

櫻花章
Cherry
blossom
badge

◀近衛兵校儀礼袴
Guard cavalry officer
full dress trousers

▶下士官、兵用儀礼袴
NCO and private full
dress trousers

近衛歩兵、砲兵
Guard infantry man and
Guard artillery man

近衛歩兵、近衛砲兵、近衛輜重
兵に儀礼衣袴はない
Guard infantry, artillery and
supply trooper had no full dress
equipment.
帽章以外は他兵科と同じ
They had issued the standard
service dress except a cockade

▶近衛歩兵伍長
（昭五式）
Guard infantry
Corporal
(model 1930)

▶近衛砲兵曹長
（九八式）
Guard artillery
Sergeant Major
(model 1928)

儀礼用紺外套の袖章 Cuff for full dlue great coat

 佐官
Field
officer

 尉官
Company
officer

 准士官
Warrant
officer

 下士官
NCO

兵
Private

紺外套の近衛騎兵少佐
This Guard cavalry Major wears a full dress
blue great coat (left)

近衛騎兵軍曹
Guard cavalry Sergeant

紺外套は兵用も同じスタイル
軍刀を下げる
Guard private wears the same
blue great coat with a sword.

将校、下士官、兵とも平常の勤務は他の兵科と同
じ軍装で行なう
Officer and NCO. private wear the standard
equipment during daily service duty. (far right)

23

ARMY5

近衛兵

The Imperial Gurds

　日本帝国陸軍の近衛兵は明治4年に制定された兵科で宮中の警備や宮中行事の際の供奉を任務とした近衛歩兵、近衛騎兵、近衛砲兵、近衛輜重兵などがあった（近歩、近騎、近砲と略称する）。近歩は宮城の警備、近騎は供奉、近砲は儀式時の礼砲発射を行なった。

　兵は各地の師団から選抜された精鋭で、天皇や皇族が隊付士官として任官するなどの理由から、日本軍の中でもエリート師団であった。

　近衛兵は毎日新品の軍衣を着用し、後日それが一般師団へ廻されていった。

　明治期に4個連隊でスタートした近衛歩兵連隊も、戦争末期には近歩10連隊まで編成されて各地を転戦した。

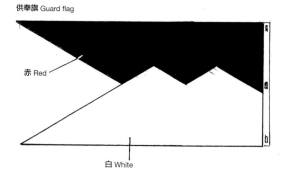

供奉旗 Guard flag

赤 Red

白 White

金（以下同じ）Gold

赤 Red

天皇旗 Emperor flag

生地は錦で旗竿との連結は紫色の紐 Silk

　天皇、皇族の供奉を任務とする近衛兵は、公式歯簿の行事、または儀杖服務の際など、に正装着用の命令があった時にのみ正装を用いた。
　演習や旅行の際は図のような通常軍衣で供奉した

供奉騎兵槍は石突きの部分を右足の鐙の受筒に差して保持する
Stirrups with lance end holder

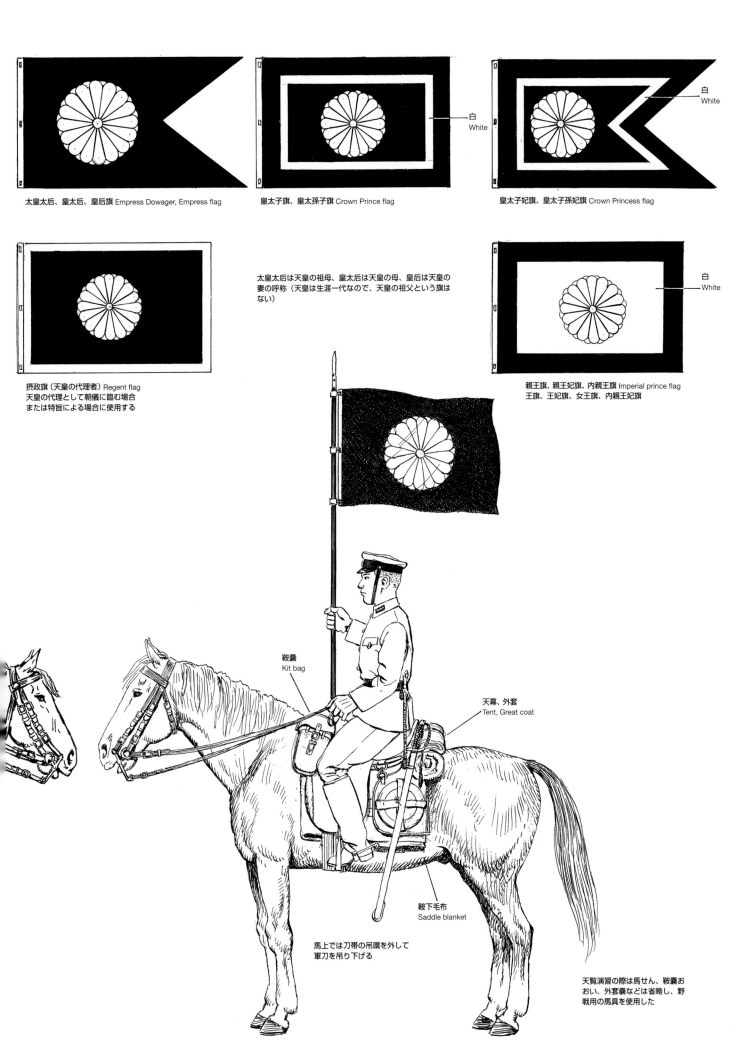

太皇太后、皇太后、皇后旗 Empress Dowager, Empress flag

皇太子旗、皇太孫子旗 Crown Prince flag

白
White

皇太子妃旗、皇太子孫妃旗 Crown Princess flag

白
White

摂政旗（天皇の代理者）Regent flag
天皇の代理として朝儀に臨む場合
または特旨による場合に使用する

太皇太后は天皇の祖母、皇太后は天皇の母、皇后は天皇の
妻の呼称（天皇は生涯一代なので、天皇の祖父という旗は
ない）

親王旗、親王妃旗、内親王旗 Imperial prince flag
王旗、王妃旗、女王旗、内親王妃旗

白
White

鞍嚢
Kit bag

天幕、外套
Tent, Great coat

鞍下毛布
Saddle blanket

馬上では刀帯の吊環を外して
軍刀を吊り下げる

天覧演習の際は馬せん、鞍嚢お
おい、外套嚢などは省略し、野
戦用の馬具を使用した

25

陸軍 6

憲兵・法務兵・軍楽兵

Military police
Judge advocate
Military band

憲兵徽章と装着位置
Military police badge

昭五式軍衣の憲兵中尉
This military police Lieutenant
wears model 1930 service dress.

九八式軍衣の憲兵中尉
拳銃は私物のブローニング

憲兵腕章
Arm band of military police
穴を重ねて紐で結び上のフチを安
全ピンで留める。本来の字は楷書
つけるのは下士官、兵のみ、将校
はつけない。

昭和16年改正の兵科色
他の兵科は徽章で区別する
Model 1941 arm of service
colour

衛生部徽章
Collar patch of
medical team

技術部
Engineer

経理部
Accountant's

衛生部
Medical team

獣医部
Vetrinary

軍楽部
Military band

◀憲兵将校正衣袴（憲兵少尉）
制帽だけが他の兵科と異なる。
憲兵の最高位は大佐
Full dress military police officer.

This military police Lieutenant wears
model 1938 service dress with a
Browning pistol.

外地用にMPの腕章をつけた曹長
Military police Sergeat Major with
'MP' arm band.

九八式憲兵用マントをつけ
た伍長
憲兵の最下級は上等兵
Military police corporal with
model 1938 mantle.

昭五式マント
Model 1930 mantle

鉄帽に夜間識別用の白線を入れた軍曹（内地）
This military police Sergeant wears a helmet
with a white band for night duty.

法務兵 Judge advocate

昭和17年に文官から武官に改正され、服制が制定された。
The judge advocate switched to the military from the civil service and made their unif-orms in 1942.

法務兵の襟章 Collar patch of judge advocate

将校（法務少尉）Officer
(judge advocate Second Lieutenant)

下士官（法務軍曹）NCO
(judge advocate Sergeant)

兵（星章、座金付、法務伍長）private
(Gjudge advocate corporal)
法務兵の最下級は伍長

法務兵正刀帯と前章
Full dress belt and buckle for judge advocate

▲陸軍監獄長の正服
高等官三等（法務大佐）、法務兵の最高位は大佐
Governor of army prison (Colonel of judgeadvocate)

▲陸軍録事の常服
高等官七等（法務准尉）
Judge advocate warrant officer

▲昭五式軍衣の陸軍警査（法務伍長）
This judge advocate corporal wears model 1930 service dress.

九八式軍衣の監守（法務軍曹）
This prison guard (judge advocate Sergeant) wears model 1938 service dress.

収監者の被服
ポケットがなく袴のひもも後方だけについている
Prisoner of army prison

軍楽兵 Military band

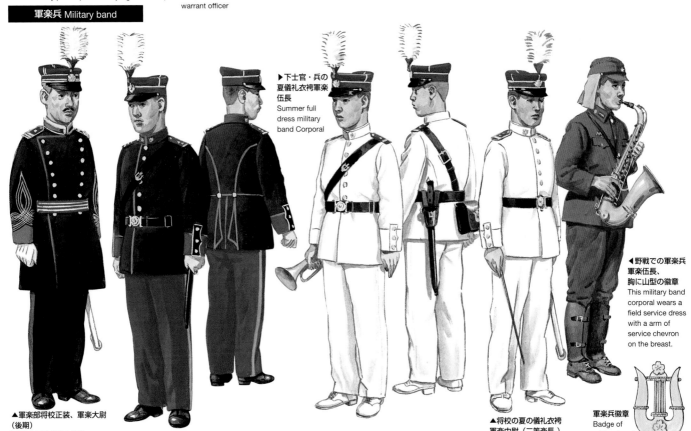

▲軍楽部将校正装、軍楽大尉（後期）
軍楽兵の最高位は少佐
Full dress military band Captain

▲軍楽部、下士官・兵の儀礼衣袴
軍楽曹長
Full dress military band Sergeant Major

▶下士官・兵の夏儀礼衣袴軍楽
伍長
Summer full dress military band Corporal

▲将校の夏の儀礼衣袴
軍楽中尉（二等楽長）
Summer full dress military band Lieutenant

◀野戦での軍楽兵
軍楽伍長、胸に山型の徽章
This military band corporal wears a field service dress with a arm of service chevron on the breast.

軍楽兵徽章
Badge of military band

27

憲兵・法務兵・軍楽兵

Military Police
Judge advocate
Military Band

憲兵 Military police

憲兵は軍隊内での警察活動や、国内、占領地などでの治安活動、対諜報活動などを行なう兵科で、兵は選抜志願であり法律、軍事情報 通信技術、逮捕術など高度の訓練を受けた優秀な人物で構成されていた。

服装は襟部徽章と憲兵腕章、憲兵マントだけが他兵科と異なっている。

憲兵の最下級兵は上等兵だが、軍刀、拳銃、帯脚絆（茶色）を着用していた。 要員不足の時は一般の兵を補助憲兵として使用した。

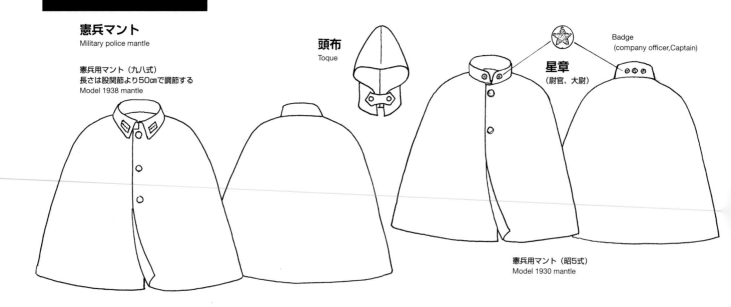

憲兵マント
Military police mantle

憲兵用マント（九八式）
長さは股関節より50cmで調節する
Model 1938 mantle

頭布
Toque

星章
（尉官、大尉）

Badge
(company officer,Captain)

憲兵用マント（昭5式）
Model 1930 mantle

法務兵 Judge advocate

法務兵は陸軍刑法を司る職員で、陸軍部内の裁判所や監獄で働く。

通常の軍法会議は、判士（兵科将校）の4人、法務官（法務将校）1人の他、何人かの陸軍録事（判任または奏任官）、警査（下士官兵）で構成されている。

被告が下士官兵の時の判士は、佐官1人、尉官3人または佐官2人、尉官2人。被告が尉官、准士官の時は佐官2人、尉官2人、被告が佐官の時は将官1人、佐官3人、または将官2人、佐官2人、被告

が将官の時は将官4人で裁判を行なう。

法律的に難しい高等軍法会議は判士3人、法務官2人を裁判官として行なわれた。

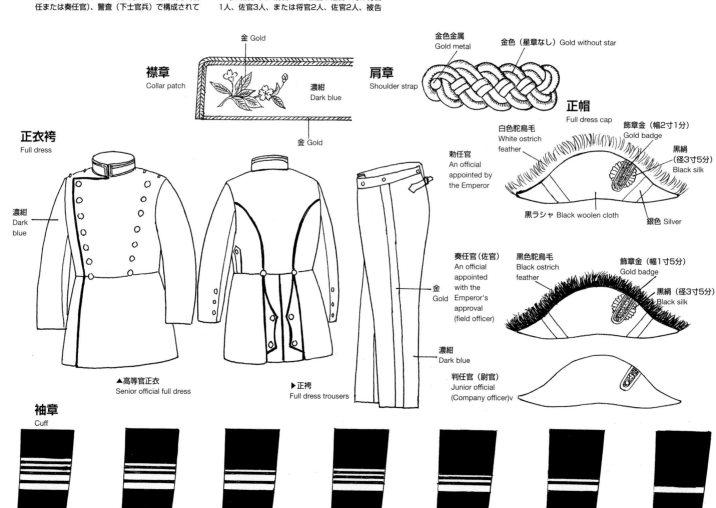

金 Gold

襟章
Collar patch

濃紺
Dark blue

金 Gold

金色金属
Gold metal

金色（星章なし） Gold without star

肩章
Shoulder strap

正帽
Full dress cap

白色駝鳥毛
White ostrich feather

勅任官
An official appointed by the Emperor

飾章金（幅2寸1分）
Gold badge

黒絹
（径3寸5分）
Black silk

黒ラシャ Black woolen cloth

銀色 Silver

正衣袴
Full dress

濃紺
Dark blue

奏任官（佐官）
An official appointed with the Emperor's approval (field officer)

黒色駝鳥毛
Black ostrich feather

飾章金（幅1寸5分）
Gold badge

黒絹（径3寸5分）
Black silk

濃紺
Dark blue

▲高等官正衣
Senior official full dress

▶正袴
Full dress trousers

金
Gold

判任官（尉官）
Junior official
(Company officer)v

袖章
Cuff

高等官三等（大佐担当官）	高等官四等（中佐担当官）	高等官五等（少佐担当官）	高等官六等（大尉担当官）	高等官七等（中尉担当官）	高等官八等（少尉担当官）	法務官試補（准尉担当官）
Third senior official (Colonel)	Fourth senior official (Lieutenant Colonel)	Fifth senior official (Major)	Sixth senior official (Captain)	Seventh senior official (Lieutenant)	Eighth senior official (Second Lieutenant)	Supplementary Judge advocate (Warrant officer)

軍楽部将校
Military band officer

夏の儀礼服 Summer full dress tunic

白
White

夏の儀礼袴
Summer full dress tunic

将校用の儀礼衣袴は他兵科の正衣袴と同じ。正帽と肩章だけが異なる

軍楽兵 Military band

観兵式や軍旗祭、前線の部隊尉問、学校や神社などの行事、街頭パレードなどで楽器演奏する部隊で、志願兵であった。旧牛込区（現在の新宿区）戸山学校で訓練された。

指揮をとるのは尉官で一等楽長は大尉、下士官兵は楽員と呼ばれていた。軍楽兵の最下級は上等兵であった。

軍楽部下士官、兵
Military band NCO and private

濃紺
Dark blue

黄
yellow

黒
Black

赤 Red

兵科色（濃紺色）
Arm of Service colour (Dark blue)

兵科色
Arm of service colour

前立 Plume

150mm

72mm

12mm

近衛軍楽、下士官、兵の前立
Plume for NCO and private of Guard and Military band

白
White

夏の儀礼衣 Summer full dress tunic

夏の儀礼袴
Summer full dress trousers

下士官、兵用剣帯
Belt for NCO and private and private

赤 Red

黒 Black

士官 Officer
准士官用肩章
Shoulder strap for Warrant officer

金 Gold

赤 Red

軍楽少佐 Major	軍楽大尉 Captain	軍楽中尉 Lieutenant	軍楽少尉 2nd Lt. 金色金属 Gold metal	軍楽准尉 W.O. 金 Gold

兵用肩章
Shoulder stap for NCO and Private

金 Gold

赤 Red

軍楽曹長 Sergeant Major	軍楽軍曹 Sergeant	軍楽伍長 Corporal 金色金属 Gold metal	軍楽兵長 Lance Corporal	軍楽上等兵 Superior Private 金 Gold

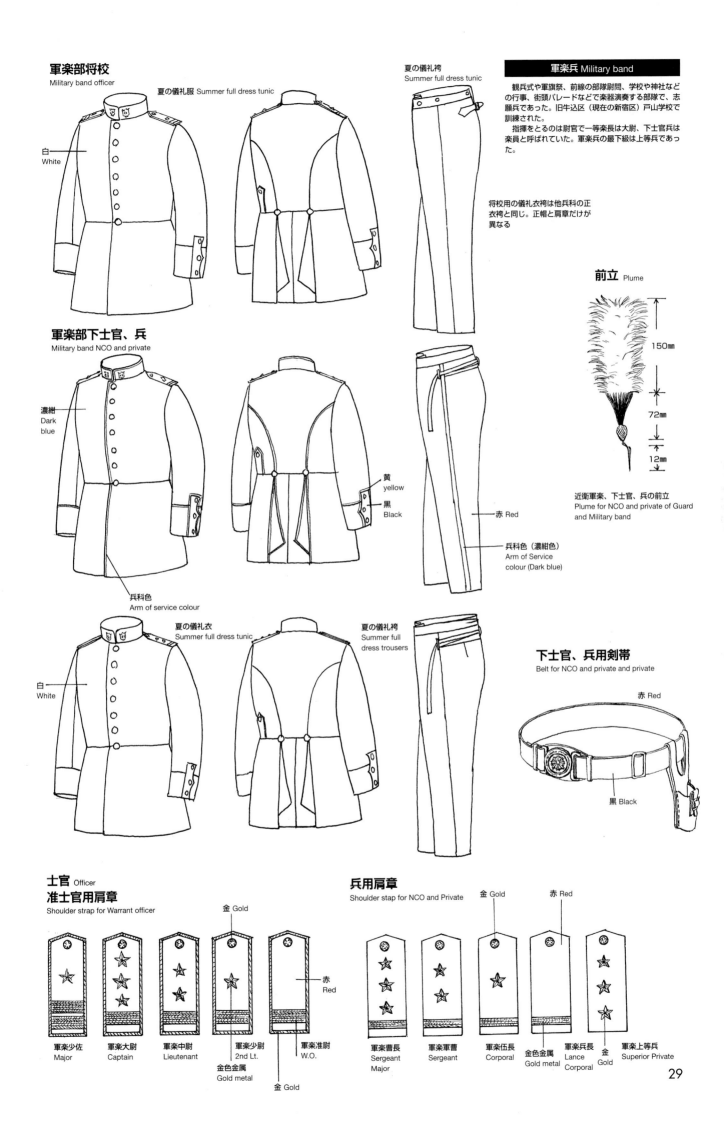

29

陸軍
7
戦車兵・騎兵
Tank trooper
Cavalry

戦車帽 Tank helmet

夏用
Summer version

冬用
Winter version

防寒用
Winter version (Extreme climate)

戦車兵 Tank trooper

軍衣、作業衣袴の戦車兵
車外戦闘用の火器、三八式騎兵銃と騎兵弾薬盒
Tank trooper with M38 carbine and cavalry ammunition pouch

▲九八式軍衣の戦車兵大尉
Captain of tank troop (model 1938 uniform)

▲将校用作業衣
将校用長靴には黒と茶があった
Officer's working dress. Officers were issued
black or brown boots.

戦車眼鏡
Tank goggle

防塵眼鏡
Goggle

防塵眼鏡嚢
Goggle case

▼セパレート式の航空兵タイプ戦車衣
This separate tank dress was very
similar to air man's one.

▼野外での教官識別のため将校用作業衣の上衣
をつけた軍曹
This sergeant wears an officers working tunic.

防風面
Wind shield

九七式自動二輪車と自動二輪車兵
防塵眼鏡と運転用手袋を着けている
Type 97 motorcycle and motorclist with goggle and
gloves

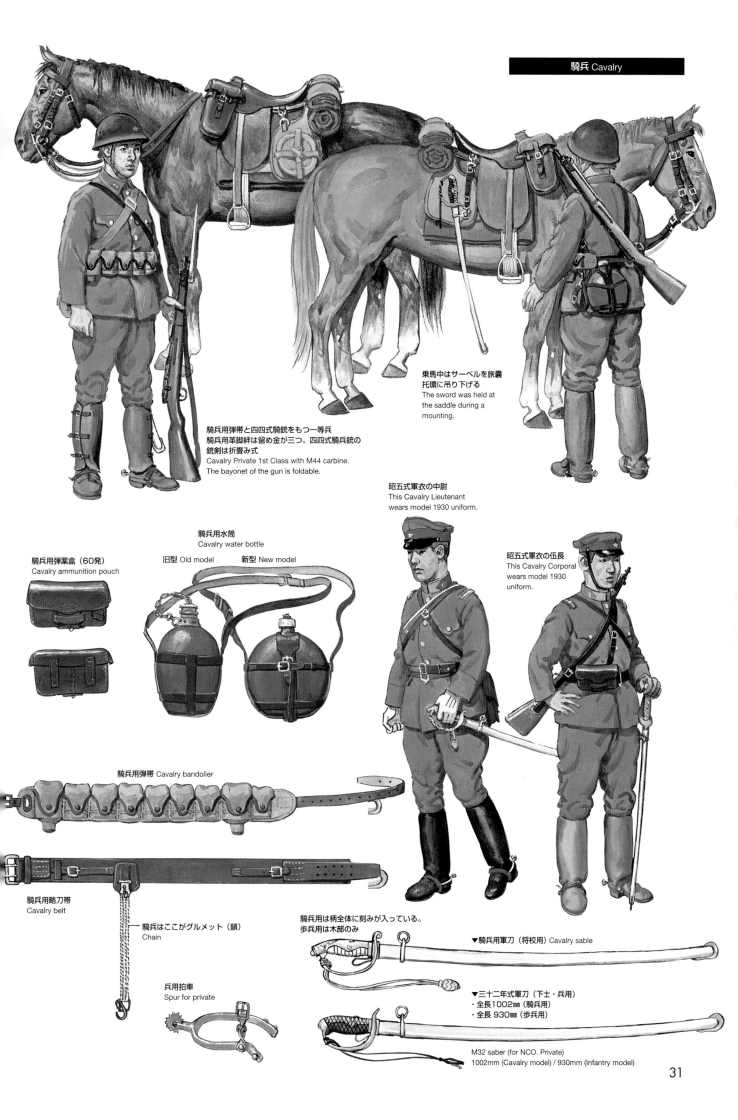

騎兵用弾帯と四四式騎銃をもつ一等兵
騎兵用革脚絆は留め金が三つ。四四式騎兵銃の
銃剣は折畳み式
Cavalry Private 1st Class with M44 carbine.
The bayonet of the gun is foldable.

乗馬中はサーベルを旅嚢
托環に吊り下げる
The sword was held at
the saddle during a
mounting.

昭五式軍衣の中尉
This Cavalry Lieutenant
wears model 1930 uniform.

昭五式軍衣の伍長
This Cavalry Corporal
wears model 1930
uniform.

騎兵用弾薬盒（60発）
Cavalry ammunition pouch

騎兵用水筒
Cavalry water bottle

旧型 Old model　　新型 New model

騎兵用弾帯 Cavalry bandolier

騎兵用略刀帯
Cavalry belt

騎兵はここがグルメット（鎖）
Chain

兵用拍車
Spur for private

騎兵用は柄全体に刻みが入っている。
歩兵用は木部のみ

▼騎兵用軍刀（将校用）Cavalry sable

▼三十二年式軍刀（下士・兵用）
・全長1002㎜（騎兵用）
・全長 930㎜（歩兵用）

M32 saber (for NCO. Private)
1002mm (Cavalry model) / 930mm (Infantry model)

31

戦車兵、騎兵 Tank trooper, Cavalry

十四年式軍鞍の装着法
M14 saddle

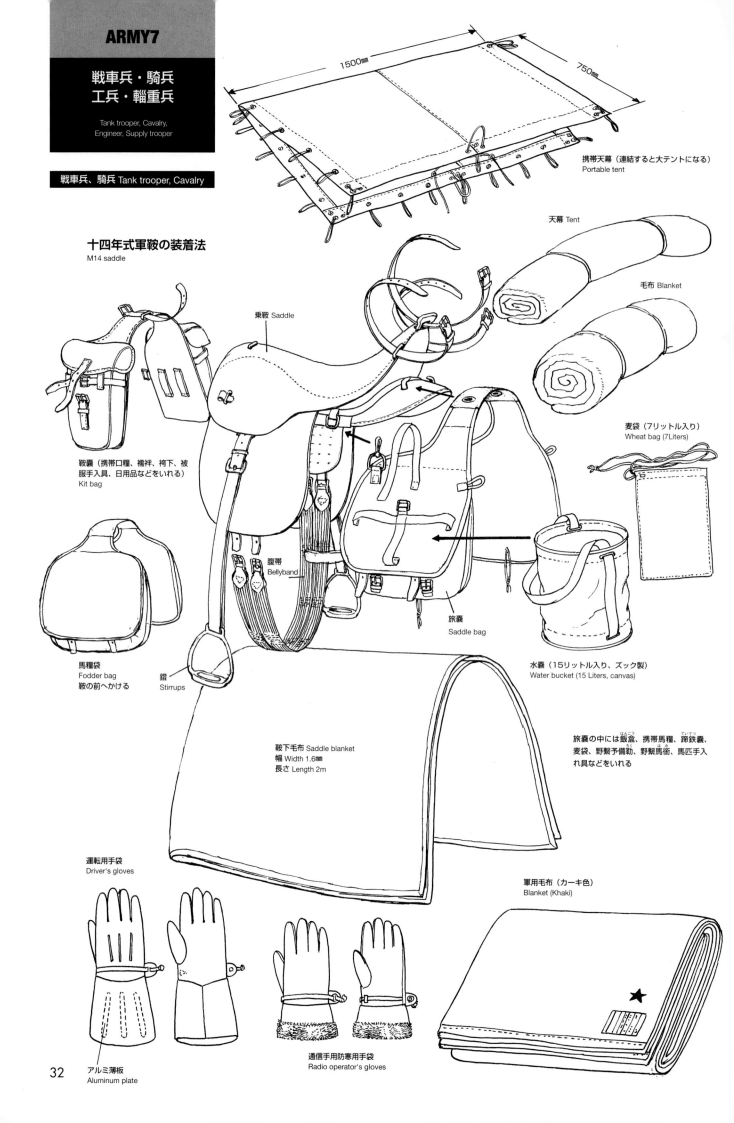

携帯天幕（連結すると大テントになる）
Portable tent

1500㎜

750㎜

天幕 Tent

毛布 Blanket

乗鞍 Saddle

鞍嚢（携帯口糧、襦袢、袴下、被
服手入具、日用品などをいれる）
Kit bag

麦袋（7リットル入り）
Wheat bag (7Liters)

腹帯
Bellyband

旅嚢
Saddle bag

馬糧袋
Fodder bag
鞍の前へかける

鐙
Stirrups

水嚢（15リットル入り、ズック製）
Water bucket (15 Liters, canvas)

鞍下毛布 Saddle blanket
幅 Width 1.6㎜
長さ Length 2m

旅嚢の中には飯盒、携帯馬糧、蹄鉄嚢、
麦袋、野繋予備勒、野繋馬衛、馬匹手入
れ具などをいれる

運転用手袋
Driver's gloves

軍用毛布（カーキ色）
Blanket (Khaki)

アルミ薄板
Aluminum plate

通信手用防寒用手袋
Radio operator's gloves

工兵 Engineer

腰に工具嚢をつけた工兵上等兵
三八式騎兵銃と騎兵弾薬盒、工兵の軍装は歩兵と同じだが、
背に各種の工具をつけていた
This Engineer Superior Private wears engineer kit bag with
M38 carbine and cavalry ammunition pouch.

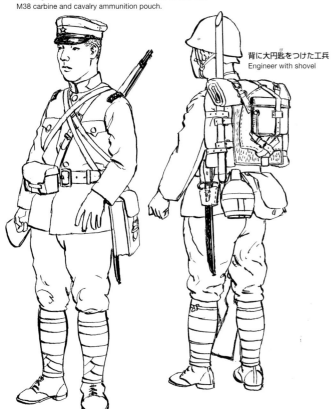

背に大円匙をつけた工兵
Engineer with shovel

各種工具の付け方
Knapsacks of engineer

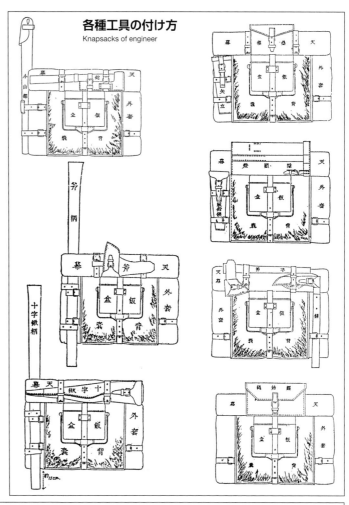

輜重兵 Supply trooper

三八式銃と騎兵弾薬盒をつけた曹長
Supply Sergeant Major with M38
carbine and cavalry ammunition
pouch

軍犬、軍鳩 Military dog, carrier pigeon

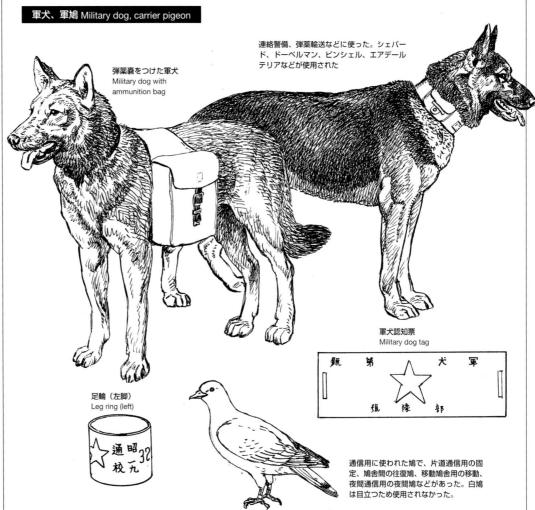

弾薬嚢をつけた軍犬
Military dog with
ammunition bag

連絡警備、弾薬輸送などに使った。シェパー
ド、ドーベルマン、ピンシェル、エアデール
テリアなどが使用された

軍犬認知票
Military dog tag

足輪（左脚）
Leg ring (left)

通信用に使われた鳩で、片道通信用の固
定、鳩舎間の往復鳩、移動鳩舎用の移動、
夜間通信用の夜間鳩などがあった。白鳩
は目立つため使用されなかった。

飛行兵 Air man

第二種（夏用）航空衣袴、日本陸軍の
航空服には軍刀差しがついている
Summer flying suit, note the sword
holder

胸部徽章をつけた中尉
Lieutenant with breast.badge

防暑航空衣
脇に通風孔があり、腕をまくりあげられる

初期の第一種（冬用）
航空衣袴
落下傘は旧型のサル
ヴァトーレ式
Winter flying suit
(early model)

Tropical flying suit with
ventilation flap on the flank
and the sleeve
can be rolled up.

空中勤務者章
Air man badge

航空胸章
Air man breast badge

飛行将校襟章
Air officer collar patch

航空衣袴着装順序
Flying suit

①飛行服の上から救命胴衣を
つける
With life jacket.

②九二式操縦者用落下傘の縛
帯をつける
With the Type 92 pilot
parachute harness.

③落下傘は座席の下にしく
Parachute lays on the seat.

④落下傘をつけ開傘索を縛
帯に引っ掛ける
With the parachute and
hanging the rip cord on the
harness.

挺進兵 Paratrooper

日本陸軍では挺進という言葉がよく使われたが、とくに挺進兵といえば空挺隊員のことを指した。

試製降下帽と練習用外被
Jump cap training overall

挺進兵の着装順序
Jump suit

挺進兵胸章
Paratrooper breast badge

挺進兵袖章
Paratrooper sleeve patch

①普通の軍装のベルトのうえに一式弾帯を着ける
Wear Type 1 bandolier on the normal belt

②短い二式銃剣を吊る
Type 2 Bayonet

③降下外被をつける
Jump suit

④四式傘用縛帯をつける 腕磁石を見ている
This paratrooper wears Type 4 parachute harness with compass on the hand.

⑤主傘と補助傘をつける、鉄帽の白丸は夜間戦闘用の指揮官識別マーク

▶開傘索は機体にひっかける

Main parachute and support parachute. The commander was identified by white circle on the helmet in the night.

船舶兵救命胴衣
Life vest of shipping trooper

船舶兵 Shipping trooper

▶船舶兵用短上衣（軍衣）
Short jacket for shippng trooper

船舶胸章
Shipping breast badge

特殊船挺勤務者章
Special boat service badge

（作業衣にはつけない）

▼強行着陸作戦時の挺進兵、布製の二式弾帯をつけている。手描きの迷彩服を着用し一〇〇式機関短銃、ベルトには九四式拳銃弾薬を着けている

This belly landing assault trooper wears hand painted camouflage suit with Type 2 cloth ammunition bandolier.

足に九九式軽機関銃、胸に弾薬小箱嚢をつけ、刺突爆雷を肩にしている（末期の挺進兵）

This assault trooper wears a pack of Type 99 light machine gun on his leg and an anti-tank hollow charge mine on his shoulder.

飛行兵・挺進兵・船舶兵

Air man
Paratrooper
Shipping trooper

飛行兵 Air man

航空眼鏡
Aviation goggle

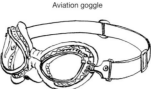
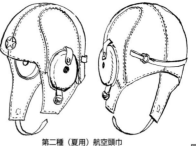

第二種（夏用）航空頭巾
Summer flying helmet

同乗者用頭巾
Flying helmet for observer

第一種（冬用航空衣袴）
Winter flying suit

第二種（夏用）航空衣
Summer flying suit

第　種航空覆面
（毛系製）
Winter flying
mask (wool)

第二種（綿製）
Summer flying
mask (cotton)

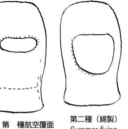

航空襟巻
Aviation
muffler

航空下衣
（セーター）
Flying sweater

ライトカーキ
light khaki

第一種航空手袋
Winter aviation gloves

航空長靴（初期）
Flying boot (early)

航空半長靴
Flying half boot

第二種航空手袋
Summer aviation gloves

電熱航空衣袴（初期）
Electric heatsuit (early)

後期の電熱服
航空衣の下に着る薄いタイプ
Late electric heat suit
worn under the flying suit

焦茶色
Dark brown

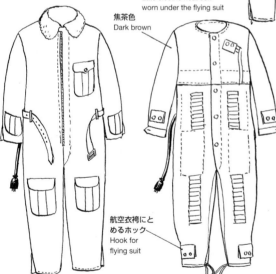

航空衣袴にと
めるホック
Hook for
flying suit

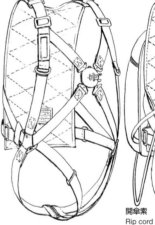
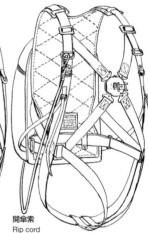

開傘索
Rip cord

九二式操縦者用落下傘用縛帯 Type 92 pilot parachute

▼一式落下傘
支持索は2本で四式落下傘
も同じ形式
Type I parachute

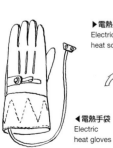

▶電熱足袋
Electric
heat socks

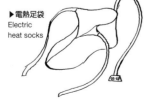

◀電熱手袋
Electric
heat gloves

救命胴衣
Life jacket

国旗入れ
Flag stowage

陸軍の胴衣
は前が丸い
Army
lifejacket

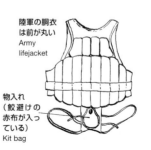

物入れ
（鮫避けの
赤布が入っ
ている）
Kit bag

カポックの粒が入っている
Floats

水上不時着用の国旗
Flag for emergency
landing in the sea.

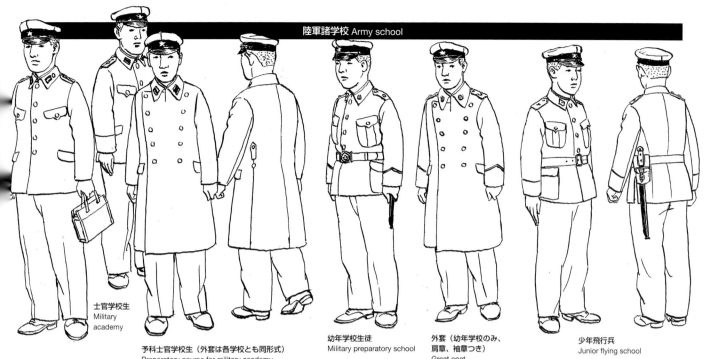

陸軍諸学校 Army school

士官学校生
Military academy

予科士官学校生（外套は各学校とも同形式）
Preparatory course for military academy

幼年学校生徒
Military preparatory school

外套（幼年学校のみ、肩章、袖章つき）
Great coat

少年飛行兵
Junior flying school

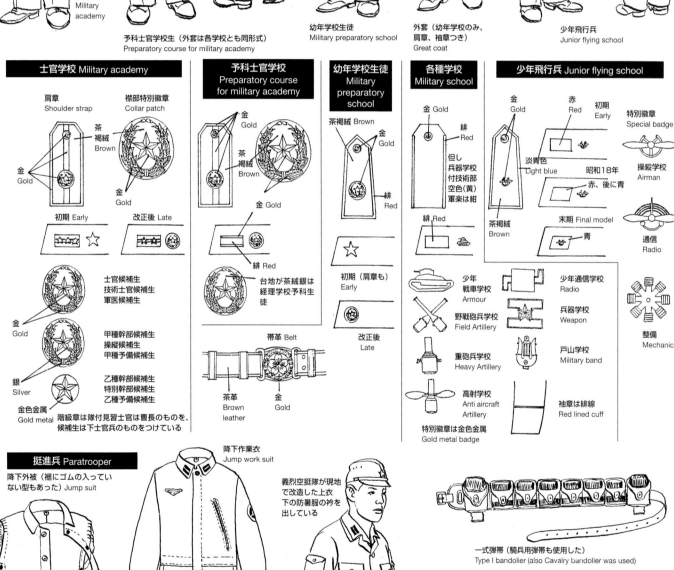

士官学校 Military academy

肩章
Shoulder strap

襟部特別徽章
Collar patch

茶褐絨 Brown

金 Gold

金 Gold

初期 Early   改正後 Late

士官候補生
技術士官候補生
軍医候補生

金 Gold

甲種幹部候補生
操縦候補生
甲種予備候補生

銀 Silver

乙種幹部候補生
特別幹部候補生
乙種予備候補生

金色金属
Gold metal

階級章は隊付見習士官は曹長のものを、候補生は下士官兵のものをつけている

予科士官学校 Preparatory course for military academy

金 Gold

茶褐絨 Brown

金 Gold

緋 Red

台地が茶絨銀は経理学校予科生徒

帯革 Belt

茶革 Brown leather   金 Gold

幼年学校生徒 Military preparatory school

茶褐絨 Brown

金 Gold

緋 Red

緋 Red

初期（肩章も）
Early

改正後
Late

各種学校 Military school

金 Gold

緋 Red

但し
兵器学校
付技術部
空色（黄）
軍楽は紺

緋 Red

少年
戦車学校
Armour

野戦砲兵学校
Field Artillery

重砲兵学校
Heavy Artillery

高射学校
Anti aircraft Artillery

特別徽章は金色金属
Gold metal badge

少年通信学校
Radio

兵器学校
Weapon

戸山学校
Military band

袖章は緋線
Red lined cuff

少年飛行兵 Junior flying school

金 Gold

赤 Red

初期 Early

淡青色 Light blue

茶褐絨 Brown

昭和18年

赤、後に青

末期 Final model

青

特別徽章
Special badge

操縦学校
Airman

通信
Radio

整備
Mechanic

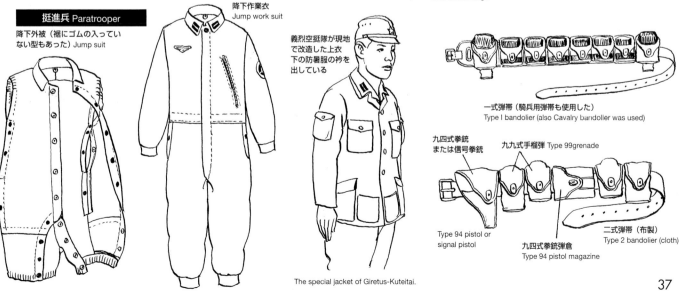

挺進兵 Paratrooper

降下外被（裾にゴムの入っていない型もあった）Jump suit

降下作業衣
Jump work suit

義烈空挺隊が現地で改造した上衣下の防暑服の衿を出している

一式弾帯（騎兵用弾帯も使用した）
Type I bandolier (also Cavalry bandolier was used)

九四式拳銃
または信号拳銃

九九式手榴弾 Type 99grenade

Type 94 pistol or
signal pistol

九四式拳銃弾倉
Type 94 pistol magazine

二式弾帯（布製）
Type 2 bandolier (cloth)

The special jacket of Giretus-Kuteitai.

明治3（1870）年の建軍とともに制定された「海軍服制」により軍装の大枠を規定し、それに対する個々の装備品などを「海軍服装規則」で定めていた日本海軍は、大正3（1914）年に新たなしくみとなる「海軍服装令」を制定して服装の大枠をこれによって定め、個々の装備品を「海軍服制」で指定する方法に変更した。

これにより規定されたのが士官用の「正装」「礼装」「通常礼装」「第一種軍装（紺色の一般的な軍装・冬用）」「第二種軍装（夏用の白の詰襟）」

で、昭和の10年代の初め（厳密にいうと日華事変前後に常設の海軍特別陸戦隊が編成される頃）まではこの5種を使い分けて使用されている。
ここではそのうち「正装」「礼装」「通常礼装」の三つを紹介する。

なお、准士官以上の軍装は、水交社などの斡旋で個人で購入して揃えるものである。

また、海軍軍人が陸軍の軍人のような長靴や編上靴を避け、短靴を多用するのは海に落ちた際に脱ぎやすいからなどの理由であった。

海軍大将正装
Full dress of Admiral

将官用正剣帯を着用
Full dress sword belt

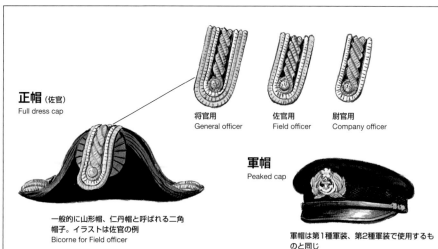

正帽（佐官）
Full dress cap

将官用
General officer

佐官用
Field officer

尉官用
Company officer

一般的に山形帽、仁丹帽と呼ばれる二角帽子。イラストは佐官の例
Bicorne for Field officer

軍帽
Peaked cap

軍帽は第1種軍装、第2種軍装で使用するものと同じ

海軍正馬装
Full dress horse
佐官用。形式は陸軍と同じ
For Field officer

海軍大佐礼装
Service dress of Captain

正衣襟章（尉官用）
Full dress collar patch (company officer)

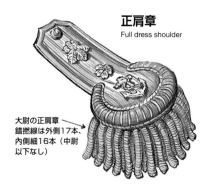

正肩章
Full dress shoulder

大尉の正肩章
錯撚線は外側17本、内側細16本（中尉以下なし）

礼服、通常礼服では剣帯を使用する
Service dress & Naval architect : sword belt

海軍中尉通常礼装
Standard naval officer's service dress

造船中尉の例で、階級を表す袖章の下に各科識別線を巻いている
Naval architect Sub Lieutenant

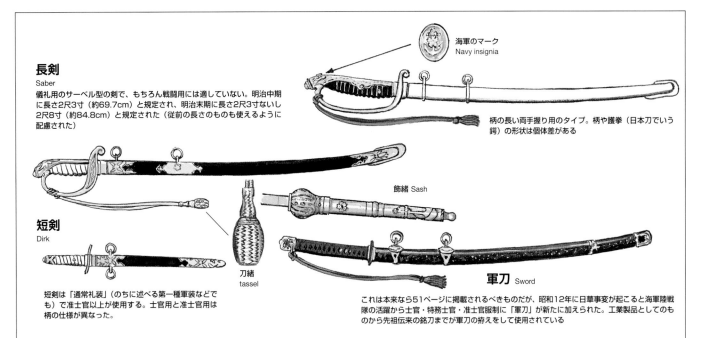

長剣
Saber

儀礼用のサーベル型の剣で、もちろん戦闘用には適していない。明治中期に長さ2尺3寸（約69.7cm）と規定され、明治末期に長さ2尺3寸ないし2尺8寸（約84.8cm）と規定された（従前の長さのものも使えるように配慮された）

海軍のマーク
Navy insignia

柄の長い両手握り用のタイプ。柄や護拳（日本刀でいう鍔）の形状は個体差がある

飾緒 Sash

短剣
Dirk

短剣は「通常礼装」（のちに述べる第一種軍装などでも）で准士官以上で使用する。士官用と准士官用は柄の仕様が異なった。

刀緒
tassel

軍刀 Sword

これは本来なら51ページに掲載されるべきものだが、昭和12年に日華事変が起こると海軍陸戦隊の活躍から士官・特務士官・准士官服制に「軍刀」が新たに加えられた。工業製品としてのものから先祖伝来の銘刀までが軍刀の拵えをして使用されている

正剣帯
Full dress sword belt

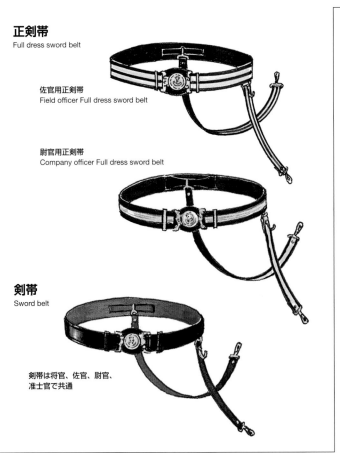

佐官用正剣帯
Field officer Full dress sword belt

尉官用正剣帯
Company officer Full dress sword belt

剣帯
Sword belt

剣帯は将官、佐官、尉官、准士官で共通

特務士官の礼装
正装／礼装、通常礼装は士官と同じ。図は技術少尉の例
This engineering Ensign wears Full dress/Service dress.

准士官の正装
礼装、通常礼装は士官と同じ

Full/Service dress of warrant officer

袖章
Full dress cuff

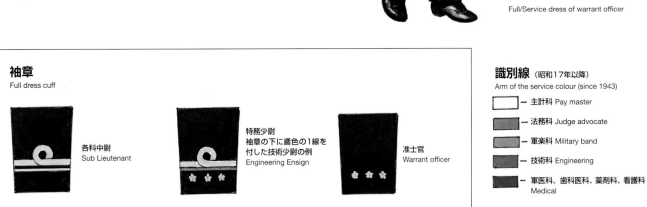

各科中尉
Sub Lieutenant

特務少尉
袖章の下に鳶色の1線を付した技術少尉の例
Engineering Ensign

准士官
Warrant officer

識別線（昭和17年以降）
Arm of the service colour (since 1943)

□	主計科 Pay master
■	法務科 Judge advocate
■	軍楽科 Military band
■	技術科 Engineering
■	軍医科、歯科医科、薬剤科、看護科 Medical

※各階級のデザインは41ページを参照

海軍士官が着用する儀礼用の最上級の軍装が「正装」で、大将3年に制定された「海軍服装令」では正帽、正衣、正肩章、正袴、正剣帯、長剣、黒革製の短靴、白色の麻襦袢と麻襟、白色革製の手袋がその着用品として指定されていた。新年参賀、紀元節、天長節、明治節の参賀、選拝式、拝謁参内、新年宴会、三大節宴会、勲章賜受、観艦式参列陪観、観兵式陪観、帝国議会開院式陪観、祭日靖国神社大祭参列、賢所御神楽参列、海軍葬の喪主を務める際に使用された。

「礼装」も上級儀礼用の軍装で、同じく「海軍服装制」では正帽、礼衣、正肩章、礼袴、剣帯、長剣、黒革製の短靴、白色の麻襦袢と麻襟、白色革製の手袋、胴衣、黒色蝶結状の襟紐（蝶ネクタイのこと）となっている。任官補職の辞令書を受ける際の参内、宮中晩餐、皇族晩餐、三大節の夜会、臨御の式場、勲章授受、外国の主な文武官公式訪問、外国軍艦訪問などで使用される。

一般的な儀礼用として使われるのが文字通り「通常礼装」で、帽子が軍帽となり、長剣ではなく短剣を吊るし、正肩章を付けない以外は礼装と同じ着用品である。これは宮中午餐、観菊桜御園、御座所拝調、天機伺、任官叙位御礼、御祝詞参内、行幸時の奉送迎、皇族午餐、宮中大祓、天皇儀伏、分隊点検、着任退職、初めての軍艦旗掲揚、軍艦除籍での軍艦旗の降下、外国文武官大公使訪問の際に使用される。

正装用
Full dress

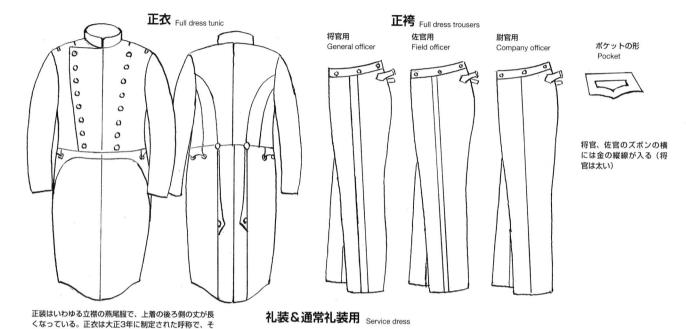

正衣 Full dress tunic

正袴 Full dress trousers

将官用
General officer

佐官用
Field officer

尉官用
Company officer

ポケットの形
Pocket

将官、佐官のズボンの横には金の縦線が入る（将官は太い）

正衣はいわゆる立襟の燕尾服で、上着の後ろ側の丈が長くなっている。正衣は大正3年に制定された呼称で、それまでは「正服上衣」といった。

礼装＆通常礼装用 Service dress

将官用
General officer

佐官用
Field officer

尉官用
Company officer

正装に使われる襟章は将官、佐官、尉官の3種類で、袖章で細かな階級を示した。

礼衣は幕末の海軍でも使われていたようなフロックコート型。「礼装」「通常礼装」とも同じで、正肩章を着用するかしないかで違う。

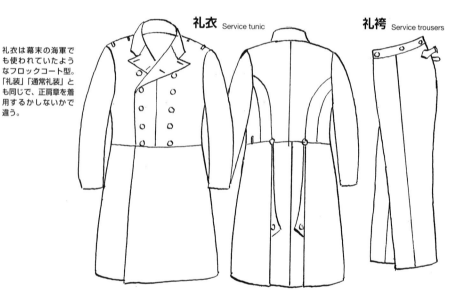

礼衣 Service tunic

礼袴 Service trousers

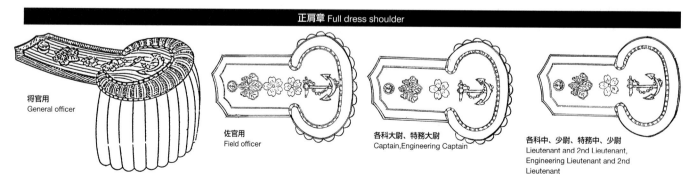

将官用
General officer

佐官用
Field officer

各科大尉、特務大尉
Captain,Engineering Captain

各科中、少尉、特務中、少尉
Lieutenant and 2nd Lieutenant,
Engineering Lieutenant and 2nd
Lieutenant

正装と礼装で使われるのが「正肩章」。昭和2年以降のデザインは将官は首側から釦、五七の桐、桜（階級章と同じで桜3つが大将、2つが中将、1つが少将）、錨で、佐官は釦、五三の桐、桜（桜2つが大佐、1個が中佐、ないのは少佐）、錨、大尉、中尉は釦、桜1つ、錨とシンプルで、少尉は釦・錨のみであった。大尉は総が着く。

　日本海軍の准士官以上の正装、礼装、通常礼装は、それぞれ袖に階級を表す袖章を巻いている。

　これは明治3年に制定されたものが明治16年の2度目の全面改制を経て（その後も一部が追加で改制された）固まったものであった。

　正装、礼装では紺地に金モール、通常礼装、第1種軍装では紺地に黒モールとなる（第2種軍装は肩章のみで袖章はない）。

　明治時代には兵科士官以外はこの金モールの間を各科識別色で示していたが、太平洋戦争期には一番下のモールの下側に識別色の1線を巻くようになっている（39ページ参照）。

※金モールは幅により太線、中線、細線と呼ばれ、袖口から一番下のモールまでは約2寸（およそ6cm）と規定

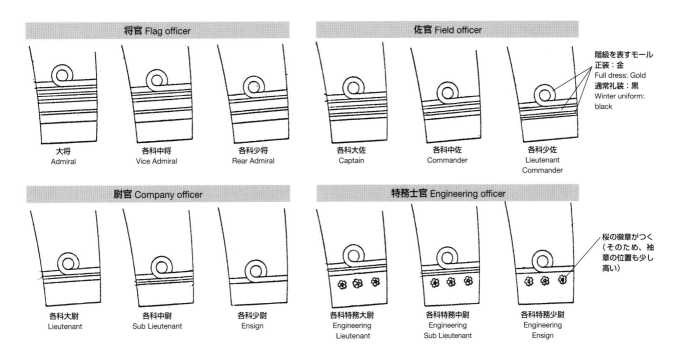

将官 Flag officer

大将 Admiral

各科中将 Vice Admiral

各科少将 Rear Admiral

佐官 Field officer

各科大佐 Captain

各科中佐 Commander

各科少佐 Lieutenant Commander

階級を表すモール
正装：金
Full dress: Gold
通常礼装：黒
Winter uniform: black

尉官 Company officer

各科大尉 Lieutenant

各科中尉 Sub Lieutenant

各科少尉 Ensign

特務士官 Engineering officer

各科特務大尉 Engineering Lieutenant

各科特務中尉 Engineering Sub Lieutenant

各科特務少尉 Engineering Ensign

桜の徽章がつく（そのため、袖章の位置も少し高い）

准士官 Warrant officer

兵曹長 Warrant officer

各科兵曹長 wear unique designator line that denotes their occupational specialty

　特務士官は兵から下士官、准士官を経験して士官に進級した者で、兵学校出身者を総合職と見た場合に、長年の現場経験による特定の技能に秀でた技能職ということができる（兵学校出身者も砲術屋や水雷屋、航海屋など専門に進むのだが）。これは日本海軍独自の制度といえ（日本陸軍や他国ではどんな足取りであっても少尉は少尉）、階級呼称にわざわざ特務という言葉をつけて区別していた。肩章や袖章も桜の徽章を3個付けて区別していた。制度上は機関科の呼称廃止と同時の昭和17年に特務の呼称も廃止されたが、最後まで一歩も二歩も遅れた扱いとなった

海軍兵学校出身者以外の識別線の区分

昭和17年改正前　Arm of the service colour ~1942

士官	特務士官／准士官	識別線の色
	航空科	青
機関科	機関科	紫
整備科	整備科	緑
軍医科	看護科	赤
薬剤科	看護科	赤
主計科	主計科	白
造船科		鳶
造機科		鳶（淡紫）
造兵科		蝦茶
水路科		青
	軍楽科	藍

昭和17年に呼称上の機関科がなくなった（機関大尉→大尉に）。造船、造機、造兵士官は技術士官に統合。識別線の色も鳶色のみとなった

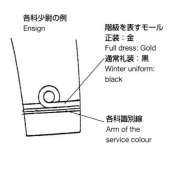

各科少尉の例
Ensign

階級を表すモール
正装：金
Full dress: Gold
通常礼装：黒
Winter uniform: black

各科識別線
Arm of the service colour

wear unique designator line that denotes their occupational specialty

※襟章（第一種軍装）、肩章（第二種軍装）については44ページを参照

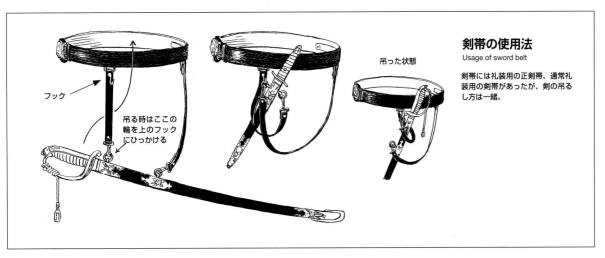

剣帯の使用法
Usage of sword belt

剣帯には礼装用の正剣帯、通常礼装用の剣帯があったが、剣の吊るし方は一緒。

フック

吊る時はここの輪を上のフックにひっかける

吊った状態

海軍 2

将校 – 軍服・外套・雨衣

OFFICER
dress, great coat, rain coat

正帽（佐官用）
Full dress cap of Field officer

略帽
Side cap

横線2本を巻くのは士官
（下士官は1本、兵はなし）

前章
Cap badge

第一種略帽
Winter side cap

第二種略帽（夏用）
Summer side cap

第三種略帽
（戦争末期）
Late model side cap

略帽前章（第三種、末期）
Late model side cap badge

第一種軍装（冬用）

These Vice Admiral and Commander wear Winter uniform.

軍装の中将（左）と少佐（右）の例。
双眼鏡の紐は将官：黄、佐官：赤、尉官：青となっていた
The colours strap of binocular indicates the ranks Flag officer-Yellow, Field officer-Red, Company officer-Blue

第二種軍装（夏用）

中尉（左）と少佐（右）の例。夏は軍帽に白い日覆いをかける
Summer uniform of Sub Lieutenant and Commander. They wear the caps with white covers.

第三種軍装（戦争末期の制服）

陸戦服に準じたデザインで、昭和19年制定だが、日華事変の頃から陸戦服を第三種軍装と呼ぶことがあった。
右は少佐の例。航空隊では半長靴（飛行靴）の中に裾を入れる光景が見られた
This Commander wear Late model uniform.

剣帯
Sword belt

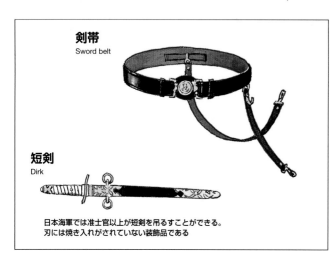

短剣
Dirk

日本海軍では准士官以上が短剣を吊るすことができる。
刃には焼き入れがされていない装飾品である

襟章
Collar patch

各科中尉
Sub Lieutenant

特務（技術）中尉
Engineering Sub Lieutenant

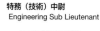

第一種軍装と第三種軍装に使用

肩章
Shoulder strap

第二種軍装用

特務士官や兵科以外の士官は金線の両側に各科を表す識別線を付ける

二重外套 雨衣の襟章（将官）
Mantlet and rain coat collar patch
(Flag officer)

昭和19年以降の襟章
Collar patch since 1944

二重外套の将官
この外套は袖なし
This Flag officer wears a mantlet.

第一種雨衣の尉官
材質は紺ゴムまたは紺綾絨
This company officer wears a winter
rain coat.

第二種雨衣の佐官
This Field officer wears a
summer rain coat.

外套を着用した少尉
This Ensign wears a great coat.

少尉候補生軍衣
Service dress of Midshipman

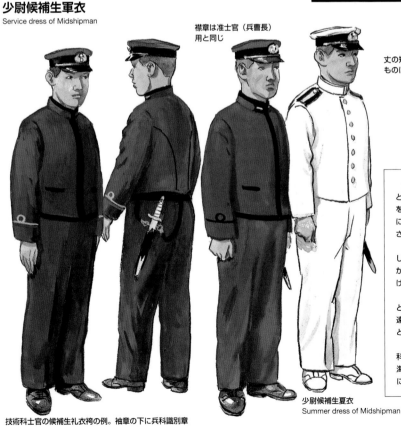

襟章は准士官（兵曹長）
用と同じ

丈の短い3校生徒の軍衣のまま、肩章と襟章を少尉候補生の
ものに変更して使用している例（士官用の軍衣の場合もある）

技術科士官の候補生礼衣袴の例。袖章の下に兵科識別章
昭和17年に見習尉官と変更、普通の軍衣となる
Full dress of Midshipman, there is the arms of service colour under
the cuff insignia

少尉候補生夏衣
Summer dress of Midshipman

　海軍兵学校、海軍機関学校、海軍経理学校は3校と呼ばれ（海軍3校
とも）、それぞれ将来の兵科士官、機関科士官、主計科士官となる生徒
を教育する。各校生徒の制服は士官に準じたものであったが、昭和9年
に上着の丈が短いデザインのものとなり、腰の短剣とあいまって人気が
さらに高まった。夏衣ではボタンの数は7個となる。
　3校生徒の身分は准士官（兵曹長）の下、下士官の上とされ、錨をあ
しらった襟章に学年を表す「Ⅰ」「Ⅱ」「Ⅲ」「Ⅳ」（最上級生の1号生徒
から4号生徒まで）のバッジを付けた（夏衣では准士官と同じ肩章を付
けていた）。
　昭和10年代初めには各校4年の教程を終えると卒業して少尉候補生
となり、3校の卒業者が一堂に会して練習艦隊を編成、内海巡航を経て
遠洋航海へ旅立っていった。少尉候補生の身分は少尉の下、准士官の上
となる。
　短期現役士官は経理学校補修学生となる主計科が有名だが軍医科・歯
科医科・薬剤科・技術科・法務科があり（昭和17年に見習尉官となる）、
海軍生徒に準じた軍衣に袖章、肩章をつけた。正衣の袖章は金で、下側
に兵科別の識別章を巻いていた。

Midshipman (Royal Navy) = Cadet (U.S.Navy)

43

将校 - 軍服・外套・雨衣

OFFICER
dress, great coat, rain coat

第一種軍装では袖章で階級を表していたが、紺地に黒なのでわかりづらいということで大正8年に襟章が追加されることとなった。

なお、大正9年までは特務士官という呼称はなく、少尉相当とする兵曹長という呼称が使われており、上等兵曹が准士官であった。

大正9年1月に兵曹長が特務大尉、特務中尉、特務少尉の3つに分けられ、それまでの上等兵曹が兵曹長となり、准士官となった（上等兵曹という階級は一等兵曹を改称したものとして昭和17年に再度登場する。

軍衣襟章 Collar patch

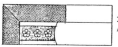
大将
Admiral

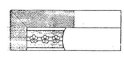
各科大佐
Captain

各科大尉
Lieutenant

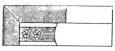
各科中将
Vice Admiral

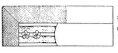
各科中佐
Commander

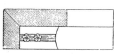
各科中尉
Sub Lieutenant

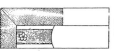
各科少将
Rear Admiral

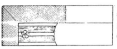
各科少佐
Lieutenant Commander

各科少尉
Ensign

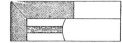
准士官
Warrant officer

兵科士官（将校）以外の襟章には上下に各科識別線が入る（配色については41ページを、デザインは42ページを参照）

肩章 Shoulder strap

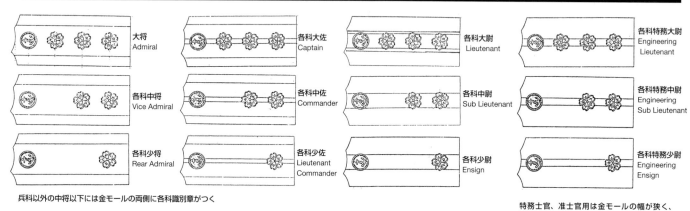

大将 Admiral — 各科大佐 Captain — 各科大尉 Lieutenant — 各科特務大尉 Engineering Lieutenant
各科中将 Vice Admiral — 各科中佐 Commander — 各科中尉 Sub Lieutenant — 各科特務中尉 Engineering Sub Lieutenant
各科少将 Rear Admiral — 各科少佐 Lieutenant Commander — 各科少尉 Ensign — 各科特務少尉 Engineering Ensign

兵科以外の中将以下には金モールの両側に各科識別章がつく

准士官
Warrant officer

兵科士官（将校）以外の肩章には上下に各科識別線が入る（配色については41ページを、デザインは42ページを参照）

特務士官、准士官用は金モールの幅が狭く、兵科以外は両側に各科識別線がつく

士官夏衣 （第二種軍装）
Summer tunic

同じく「第二種軍装」と定められた士官の夏衣。上着は下士官用と同様に白い詰襟（ただし生地が良かった）にボタン留め。肩章に階級章が着く

士官軍衣 （第一種軍装）
Officer's tunic

大正3年の「海軍服装令」により「軍服（それ以前は略服、常服、通常軍服、軍服と呼称が変遷）」と呼ばれていた士官の軍装は「第一種軍装」と呼ばれるようになった。紺の詰襟で、襟章と袖の黒モールで階級を示した。

前はホック留め

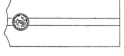

胴衣
Vest

軍袴
Naval trousers

外套
Great coat

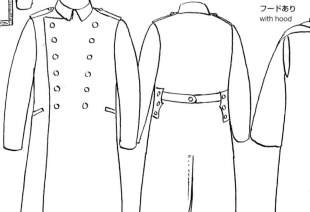

夏袴
Summer trousers

二重外套
Inverness cape

フードあり
with hood

中は袖無し

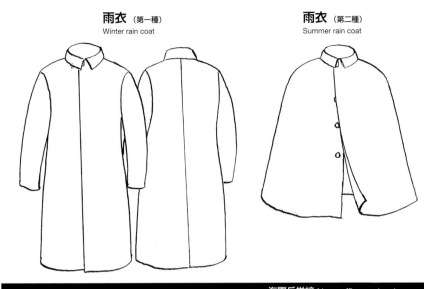

雨衣（第一種）
Winter rain coat

雨衣（第二種）
Summer rain coat

海軍兵学校 Navy officer school

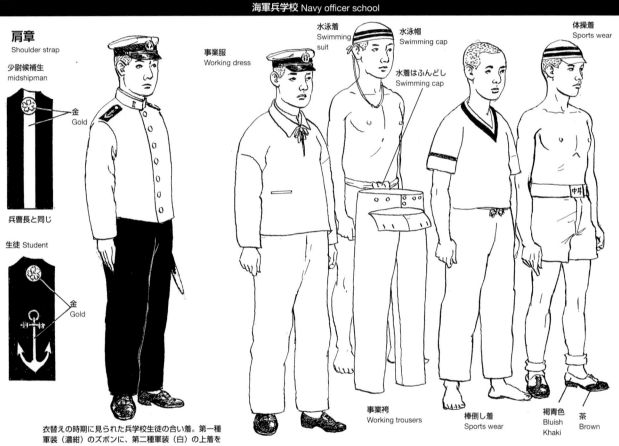

肩章
Shoulder strap

少尉候補生
midshipman

金 Gold

兵曹長と同じ

生徒 Student

金 Gold

事業服
Working dress

水泳着
Swimming suit

水泳帽
Swimming cap

水着はふんどし
Swimming cap

体操着
Sports wear

事業袴
Working trousers

棒倒し着
Sports wear

褐青色
Bluish Khaki

茶
Brown

衣替えの時期に見られた兵学校生徒の合い着。第一種軍装（濃紺）のズボンに、第二種軍装（白）の上着を着用
Navy officer school student, the trousers were dark blue.

当初は海軍兵学校生徒と少尉候補生（兵学校卒業と同時に少尉候補生となる）の制服は士官と同じであったが（但し士官の軍衣が候補生の生徒礼衣）、昭和9年に丈の短いジャケット形式のものに改められた。袖線と肩章（夏衣）で両者を識別し、また礼衣は袖線が金、軍衣は黒（両者共）であった。昭和15年に少尉候補生だけが再び士官と同じ制服になり、袖線、襟章（夏衣）は候補生のものをつけた（これは予備学生も同じ）。軍帽は候補生、生徒ともに士官と同形式、同材質で前章の錨だけが金糸縫取り（改正後の候補生の前章は士官と同じ）

成績優秀な生徒が襟につける桜花章
Cherry blossom badge for good marks

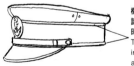

機関学校と経理学校のみ識別線（紫、白）昭和17年以降廃止
The violet and white line indicates engineer and accontant school

襟章 学年章
（1号～ 4号生徒）
Collar patch, school year badge
(first fourth year grade student)

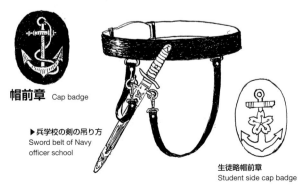

帽前章 Cap badge

▶兵学校の剣の吊り方
Sword belt of Navy officer school

生徒略帽前章
Student side cap badge

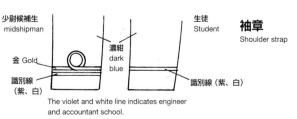

少尉候補生
midshipman

生徒
Student

袖章
Shoulder strap

金 Gold

濃紺
dark blue

識別線
（紫、白）

識別線（紫、白）

The violet and white line indicates engineer and accountant school.

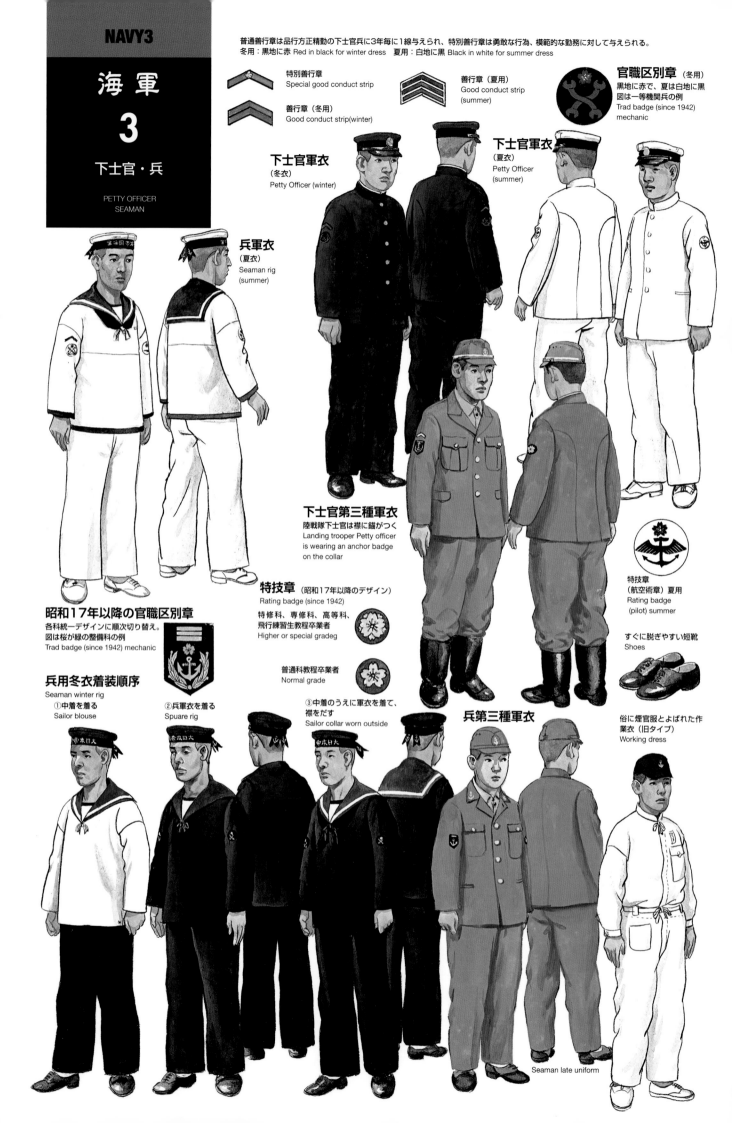

海軍
3

下士官・兵

PETTY OFFICER
SEAMAN

普通善行章は品行方正精勤の下士官兵に3年毎に1線与えられ、特別善行章は勇敢な行為、模範的な勤務に対して与えられる。
冬用：黒地に赤 Red in black for winter dress　夏用：白地に黒 Black in white for summer dress

特別善行章
Special good conduct strip

善行章（冬用）
Good conduct strip(winter)

善行章（夏用）
Good conduct strip
(summer)

官職区別章（冬用）
黒地に赤で、夏は白地に黒
図は一等機関兵の例
Trad badge (since 1942)
mechanic

下士官軍衣
（冬衣）
Petty Officer (winter)

下士官軍衣
（夏衣）
Petty Officer
(summer)

兵軍衣
（夏衣）
Seaman rig
(summer)

下士官第三種軍衣
陸戦隊下士官は襟に錨がつく
Landing trooper Petty officer
is wearing an anchor badge
on the collar

特技章
（航空術章）夏用
Rating badge
(pilot) summer

昭和17年以降の官職区別章
各科統一デザインに順次切り替え。
図は桜が緑の整備科の例
Trad badge (since 1942) mechanic

特技章（昭和17年以降のデザイン）
Rating badge (since 1942)

特修科、専修科、高等科、
飛行練習生教程卒業者
Higher or special gradeg

普通科教程卒業者
Normal grade

すぐに脱ぎやすい短靴
Shoes

兵用冬衣着装順序
Seaman winter rig

①中着を着る
Sailor blouse

②兵軍衣を着る
Spuare rig

③中着のうえに軍衣を着て、
襟をだす
Sailor collar worn outside

兵第三種軍衣

俗に煙管服とよばれた作
業衣（旧タイプ）
Working dress

Seaman late uniform

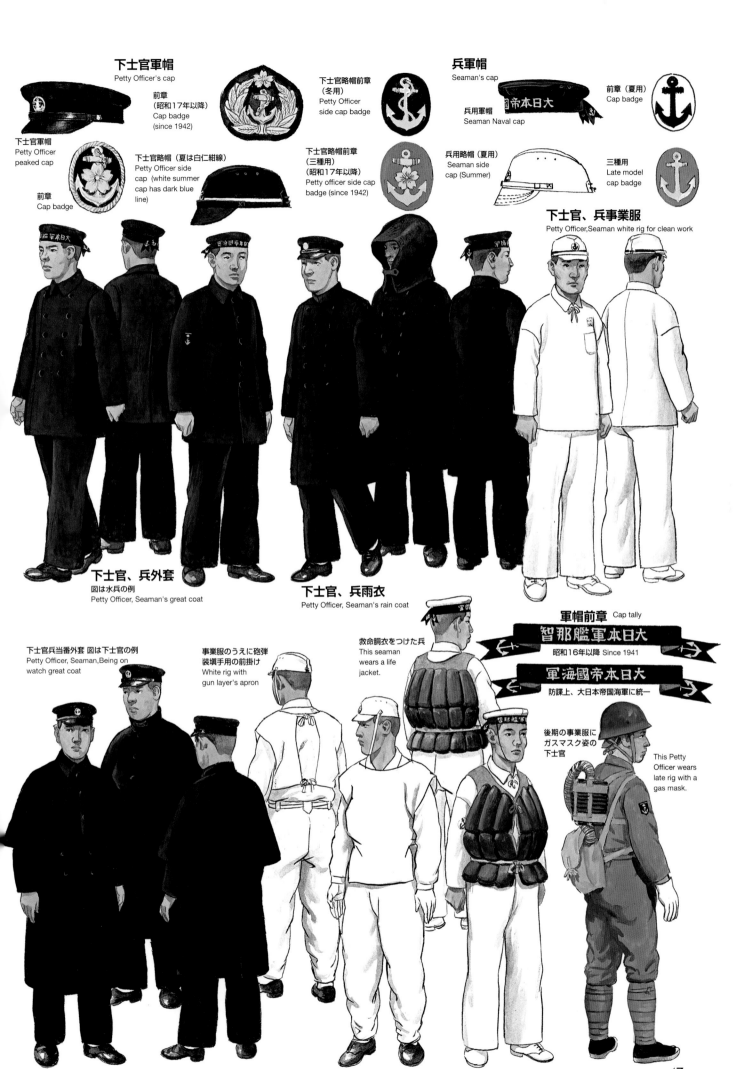

下士官軍帽
Petty Officer's cap

前章
（昭和17年以降）
Cap badge
(since 1942)

下士官帽帽前章
（冬用）
Petty Officer
side cap badge

兵軍帽
Seaman's cap

兵軍軍帽
Seaman Naval cap

前章（夏用）
Cap badge

下士官軍帽
Petty Officer
peaked cap

前章
Cap badge

下士官略帽（夏は白仁紺線）
Petty Officer side
cap（white summer
cap has dark blue
line）

下士官略帽帽前章
（三種用）
（昭和17年以降）
Petty officer side cap
badge (since 1942)

兵用略帽（夏用）
Seaman side
cap (Summer)

三種用
Late model
cap badge

下士官、兵事業服
Petty Officer,Seaman white rig for clean work

下士官、兵外套
図は水兵の例
Petty Officer, Seaman's great coat

下士官、兵雨衣
Petty Officer, Seaman's rain coat

軍帽前章 Cap tally

智那艦軍本日大
昭和16年以降 Since 1941

軍海國帝本日大
防諜上、大日本帝国海軍に統一

下士官兵当番外套 図は下士官の例
Petty Officer, Seaman,Being on
watch great coat

事業服のうえに砲弾
装填手用の前掛け
White rig with
gun layer's apron

救命胴衣をつけた兵
This seaman
wears a life
jacket.

後期の事業服に
ガスマスク姿の
下士官
This Petty
Officer wears
late rig with a
gas mask.

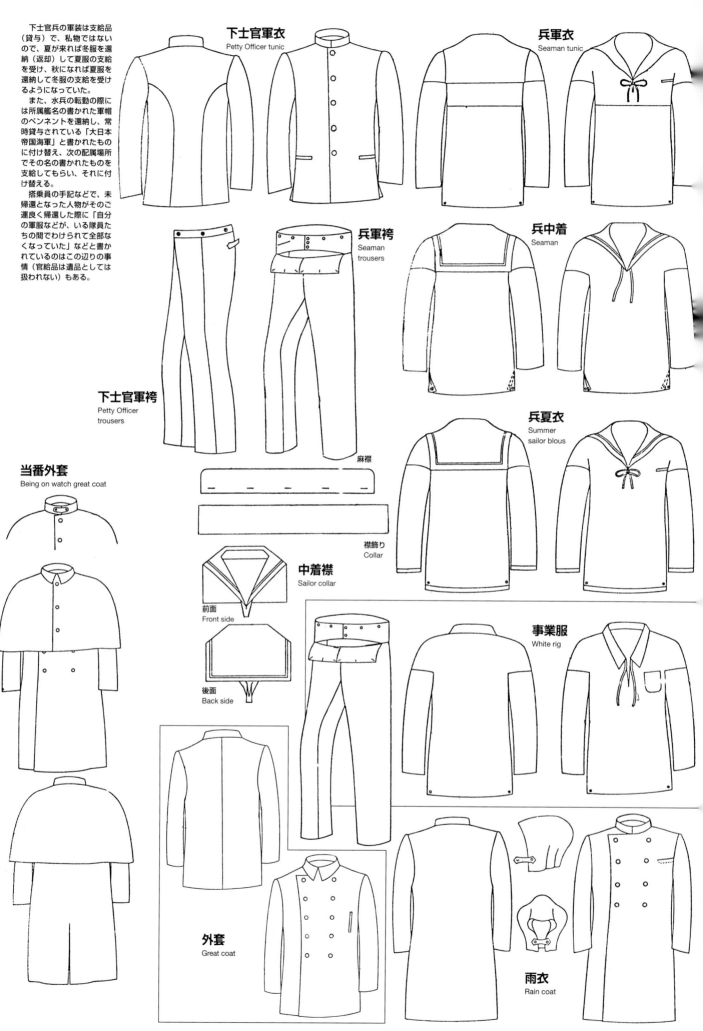

下士官兵の軍装は支給品（貸与）で、私物ではないので、夏が来れば冬服を還納（返却）して夏服の支給を受け、秋になれば夏服を還納して冬服の支給を受けるようになっていた。

また、水兵の転勤の際には所属艦名の書かれた軍帽のペンネントを還納し、常時貸与されている「大日本帝国海軍」と書かれたものに付け替え、次の配属場所でその名の書かれたものを支給してもらい、それに付け替える。

搭乗員の手記などで、未帰還となった人物がそのご運良く帰還した際に「自分の軍服などが、いる隊員たちの間でわけられて全部なくなっていた」などと書かれているのはこの辺りの事情（官給品は遺品としては扱われない）もある。

下士官軍衣
Petty Officer tunic

兵軍衣
Seaman tunic

下士官軍袴
Petty Officer trousers

兵軍袴
Seaman trousers

兵中着
Seaman

兵夏衣
Summer sailor blous

麻襟

襟飾り
Collar

当番外套
Being on watch great coat

中着襟
Sailor collar

前面
Front side

後面
Back side

事業服
White rig

外套
Great coat

雨衣
Rain coat

48

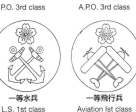

Row 1
一等兵曹 / P.O. 1st class — 一等飛行兵曹 / A.P.O. 1st class — 一等機関兵曹 / E.P.O.1st class — 一等衛生兵曹 / M.P.O. 1st class — 一等軍楽兵曹 / Musician 1st class — 一等主計兵曹 / Pay P.O. 1st class

Row 2
二等兵曹 / P.O. 2nd class — 二等飛行兵曹 / A.P.O. 2nd class — 二等機関兵曹 / E.P.O. 2nd class — 二等衛生兵曹 / M.P.O. 2nd class — 二等軍楽兵曹 / Musician 2nd class — 二等主計兵曹 / Pay P.O. 2nd class

Row 3
三等兵曹 / P.O. 3rd class — 三等飛行兵曹 / A.P.O. 3rd class — 三等機関兵曹 / E.P.O. 3rd class — 三等衛生兵曹 / M.P.O. 3rd class — 三等軍楽兵曹 / Musician 3rd class — 三等主計兵曹 / Pay P.O. 3rd class

Row 4
一等水兵 / L.S. 1st class — 一等飛行兵 / Aviation 1st class — 一等機関兵 / Engineer 1st class — 一等衛生兵 / Medical 1st class — 一等軍楽兵 / Military band 1st class — 一等主計兵 / Pay 1st class

Row 5
二等水兵 / L.S. 2nd class — 二等飛行兵 / Aviation 2nd class — 二等機関兵 / Engineer 2nd class — 二等衛生兵 / Medical 2nd class — 二等軍楽兵 / Military band 2nd class — 二等主計兵 / Pay 2nd class

Row 6
三等水兵 / L.S. 3rd class — 三等飛行兵 / Aviation 3rd class — 三等機関兵 / Engineer 3rd class — 三等衛生兵 / Medical 3rd class — 三等軍楽兵 / Military band 3rd class — 三等主計兵 / Pay 3rd class

昭和17年以降 1942～

昭和17年11月に下士官兵の階級呼称が変わり、一等兵曹が上等兵曹に、一等水兵が水兵長になる。階級章のデザインも5角形のものに統一され、識別章（桜）の色で各科を示すようになる

上等兵曹 Chief P.O.

一等兵曹 P.O. 1st class

二等兵曹 P.O. 2nd class

各科識別章（表面七宝焼）
Arms of service colour badge (cloisonne)

各科識別色
Arms of service colour

水兵科:黄　Sailor=Yellow
飛行科:青　Air man=Blue
整備科:緑　Ground crew=Green
機関科:紫　Engineer=Violet
工作科:薄紫　Mechanic=Light Purple
軍楽科:藍　Military band =Dark blue
看護科:赤　Medical=Red
主計科:白　Pay=White
技術科:蝦茶　Constraction =Brown

※昭和16年6月1日付けで航空兵曹、航空兵が飛行兵曹、飛行兵と呼称変更されている

水兵長 L.S. 1st class

P.O. = Petty Officer
A.P.O = Aviation Petty Officer
E.P.O = Engineer Petty Officer
M.P.O. = Medical Petty Officer
L.S. = Leading Seaman

上等水兵 L.S. 2nd class

金 Gold
各科識別色 Arms of service colour
金 Gold

一等水兵 Able Seaman — 二等水兵（昭和19年制定）Seaman cuff rank badge since 1944

※海兵団に入団したばかりの四等兵には階級章はなく、俗に「カラス」と呼ばれた。新兵教育を終えると各科三等兵となる

Row 1
普通科運用術章 / Navigation — 高等科信号術章 / Senior Signal — 普通科信号術章 / Signal — 高等科電信術章 / Senior Radio — 普通科電信術章 / Radio — 高等科水雷術章 / Senior Torpedo — 普通科水雷術章 / Torpedo — 高等科砲術章 / Senior Gunnery — 普通科砲術章 / Gunnery

Row 2
高等科測的術章 / Senior Observation — 高等科機関術章 / Senior Engineer — 普通科機関術章 / Engineer — 高等科電機術章 / Senior Electric — 普通科電機術章 / Electric — 高等科整備術章 / Senior Ground crew — 普通科整備術章 / Ground crew — 高等科経理術章 / Senior Pay — 普通科経理術章 / Pay

Row 3
高等科工作術章 / Senior Mechanic — 特修科工作術章 / High Mechanic — 高等科看護術章 / Senior Nursing — 普通科看護術章 / Nursing — 特修科軍楽術章 / High Military band — 普通科衣糧術章 / Supply — 航空術章 / Aviation

このように兵科別に設定されていたデザインの特技章は昭和17年廃止。桜（普通科）、八重桜（高等科）の統一デザインとなる（46ページ参照）
Deleted from 1942

防寒衣
Winter uniform

昭和6年の防寒外套
Winter great coat model 1931.

昭和13年頃の将校用防寒外套
Officer's winter coat model 1938

肩章は昭和15年に廃止

シングルの兵用防寒外套
Single breast winter coat for private

末期のシングル防寒外套
Single breast winter coat very late model of war

将校用防寒外套
Officer's winter coat

防暑衣
Tropical uniform

兵用防暑衣
Tropical uniform for private

兵用防寒外套
Winter coat for private

将校用の防暑衣
Officer's tropical uniform

ガス衣
Gas proof cloth

艦上消毒用ガス衣
Board gas proof cloth

陸戦隊
Landing trooper

第一種軍装の陸戦隊兵（大正末期）

野戦用の将校服（昭和2年）
Officer's field uniform (1927)

第一種軍衣に陸戦用剣帯の下士官（昭和8年頃）
This P.aO. wears a winter uniform with a landing sword belt. (1933)

野戦用の水兵服（昭和2年）
Field uniform of seaman (1927)

Landing trooper in winter uniform (1920's)

陸戦服の少尉（昭和13年）
This 2nd Lieutenant wears landing uniform (1938)

昭和8年式のジャケット式陸戦衣の下士官
This P.O. wears model 1933 landing uniform with sword for P.O.

昭和12年の兵用陸戦衣（エポーレット付）
Model 1937 private landing uniform with epaulet, note the signal flag.

将校 Officer

昭和15年制定の陸戦衣
Model 1940 landing uniform

兵 Private

スパッツ式ゲートル、下士官刀帯刀

左腰に手旗を携帯

防毒面
Gas mask

鉄帽
Helmet

昭和初期
1926~early 1930's

後期
Late model

略帽
Field cap

鉄帽カバー
Helmet cover

陸戦靴
Landing shoes

士官用
Officer

兵用
Private

スパッツ
Spat

51

もともと海軍艦艇の乗員の一部を必要に応じて臨時に陸戦要員として編成して陸上戦闘に送り込むのが海軍陸戦隊であったが、昭和7（1932）年に上海事変（のちに第一次上海事変と呼ばれるようになるもの）が起こると特別陸戦隊と呼ばれる常設の部隊が設置されるようになった。

水兵用軍帽のペンネントも、前者は「大日本海軍特別陸戦隊」、後者は「上海特別陸戦隊」などと地名を冠していた（昭和17年に「大日本帝国海軍」に表記を統一）。

初期には51ページ上段に見られるように通常の軍服の上に陸戦装備をしていたが、野戦では不向きなため専用の陸戦衣が開発されるようになり、やがて艦艇の数が減り陸上勤務が増えると、第三種軍装へと変化していった。

陸戦服は略装としても機能的で、昭和12年の日華事変以降、中国大陸に進出した海軍航空部隊でも、地上で勤務するときは陸戦服が多用されていた。

陸戦衣の変化
Evolution of landing tunic

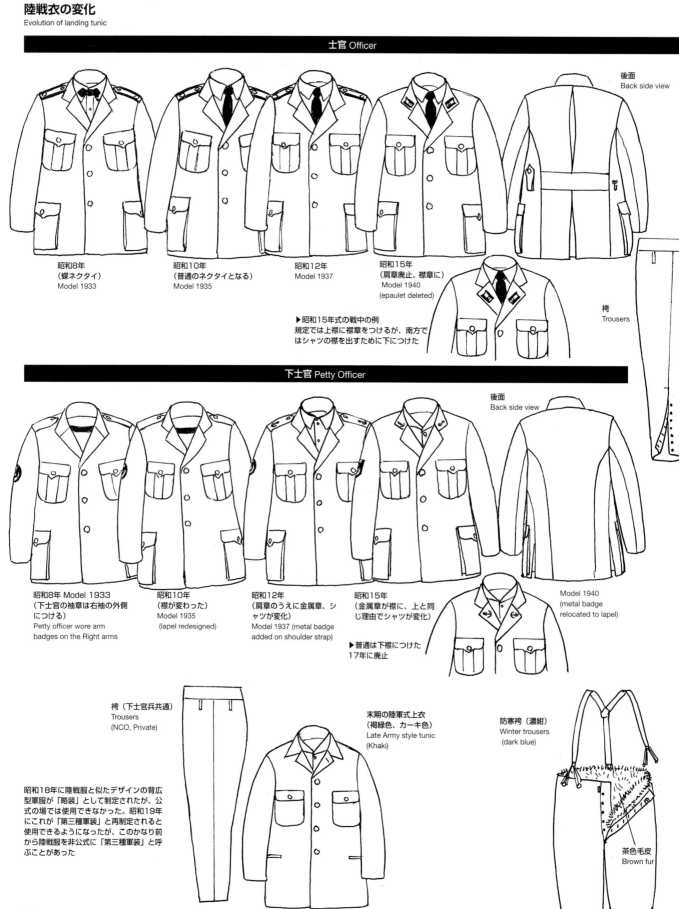

士官 Officer

昭和8年
（蝶ネクタイ）
Model 1933

昭和10年
（普通のネクタイとなる）
Model 1935

昭和12年
Model 1937

昭和15年
（肩章廃止、襟章に）
Model 1940
(epaulet deleted)

▶昭和15年式の戦中の例
規定では上襟に襟章をつけるが、南方ではシャツの襟を出すために下につけた

後面
Back side view

袴
Trousers

下士官 Petty Officer

昭和8年 Model 1933
（下士官の袖章は右袖の外側につける）
Petty officer wore arm
badges on the Right arms

昭和10年
（襟が変わった）
Model 1935
(lapel redesigned)

昭和12年
（肩章のうえに金属章、シャツが変化）
Model 1937 (metal badge
added on shoulder strap)

昭和15年
（金属章が襟に、上と同じ理由でシャツが変化）

▶普通は下襟につけた
17年に廃止

Model 1940
(metal badge
relocated to lapel)

後面
Back side view

袴（下士官兵共通）
Trousers
(NCO, Private)

末期の陸軍式上衣
（褐緑色、カーキ色）
Late Army style tunic
(Khaki)

防寒袴（濃紺）
Winter trousers
(dark blue)

茶色毛皮
Brown fur

昭和18年に陸戦服と似たデザインの背広型軍服が「略装」として制定されたが、公式の場では使用できなかった。昭和19年にこれが「第三種軍装」と再制定されると使用できるようになったが、このかなり前から陸戦服を非公式に「第三種軍装」と呼ぶことがあった

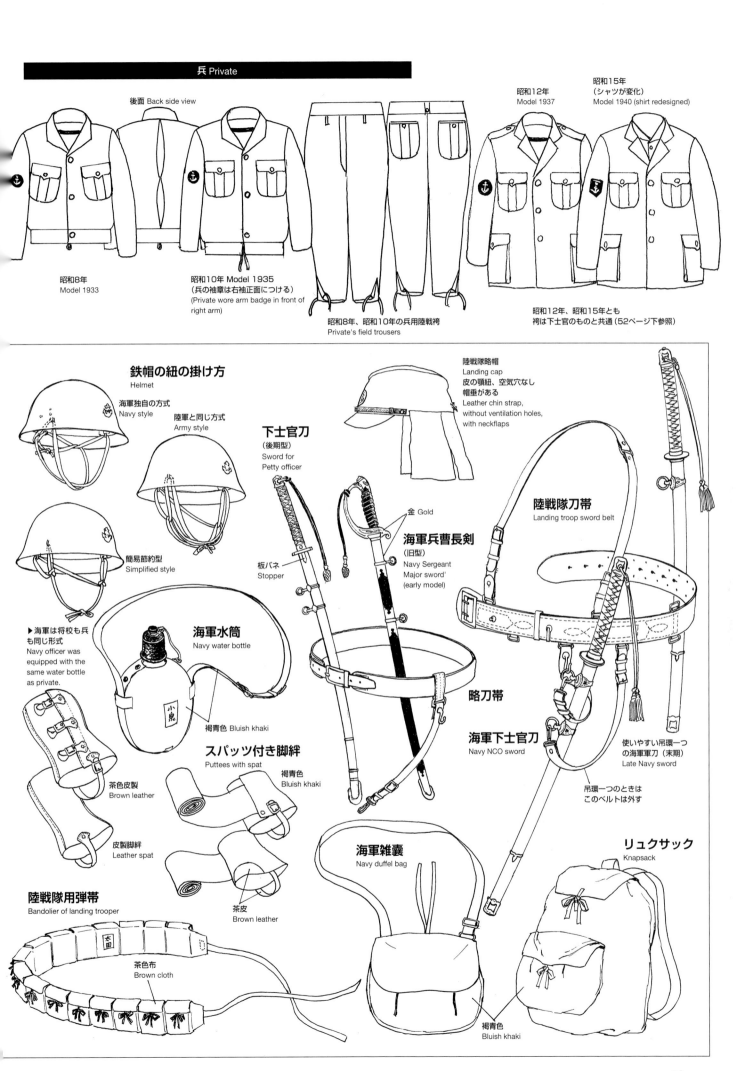

兵 Private

後面 Back side view

昭和8年
Model 1933

昭和10年 Model 1935
(兵の袖章は右袖正面につける)
(Private wore arm badge in front of right arm)

昭和8年、昭和10年の兵用陸戦袴
Private's field trousers

昭和12年
Model 1937

昭和15年
(シャツが変化)
Model 1940 (shirt redesigned)

昭和12年、昭和15年とも
袴は下士官のものと共通 (52ページ下参照)

鉄帽の紐の掛け方
Helmet

海軍独自の方式
Navy style

陸軍と同じ方式
Army style

簡易節約型
Simplified style

▶海軍は将校も兵
も同じ形式
Navy officer was
equipped with the
same water bottle
as private.

海軍水筒
Navy water bottle

褐青色 Bluish khaki

スパッツ付き脚絆
Puttees with spat

褐青色
Bluish khaki

茶色皮製
Brown leather

皮製脚絆
Leather spat

茶皮
Brown leather

陸戦隊用弾帯
Bandolier of landing trooper

茶色布
Brown cloth

陸戦隊略帽
Landing cap
皮の頤紐、空気穴なし
帽垂がある
Leather chin strap,
without ventilation holes,
with neckflaps

下士官刀
(後期型)
Sword for
Petty officer

板バネ
Stopper

金 Gold

海軍兵曹長剣
(旧型)
Navy Sergeant
Major sword'
(early model)

略刀帯

海軍下士官刀
Navy NCO sword

陸戦隊刀帯
Landing troop sword belt

使いやすい吊環一つ
の海軍軍刀（末期）
Late Navy sword

吊環一つのときは
このベルトは外す

海軍雑嚢
Navy duffel bag

褐青色
Bluish khaki

リュクサック
Knapsack

航空隊 Navy Air Force

航空帽（冬用）
Winter flying helmet

航空帽（夏用）
Summer flying helmet

三式航空帽（末期）
Type 3 flying helmet
(final model)

航空眼鏡（初期）
後期は陸軍と同じ
Aviation goggle (early model)

航空衣袴着装順序
Flying suita

救命胴衣をつけ縛帯をつける
Life jacket and parachute harness

末期のシングル航空衣
Single breast flying suit
(final model)

電熱服（下に着る）
Electric heat suit.(worn under
the flying suit)

冬用航空衣（上下つなぎ）
Winter flying suit (one piece)
マフラーは白絹製
Muffler was white silk.

袖章（初期）rank insignia

大尉
Lieutenant

中尉
Sub-Lieutenant

少尉
Ensign

救命胴衣
Life jacket

冬用航空衣の別バージョン
Winter flying suit (another version)

襟が白いもの
もある
There were
some white
fur-lined suit
also.

航空整備服
Mechanic

特別攻撃隊用衣袴（震洋の乗組員）
Suicide attack uniform
(crew of Sinyo)

航空手袋
Aviation gloves

首もとは伝声管の送話管
左耳から伸びるのは伝声管

半長靴の靴底はゴム製で、機体に乗っても傷つけな
いようになっていた

54

落下傘兵の着装順序
Jump suit

降下衣袴のポケットは弾薬や食料、救急
用品などを入れる
The pockets of jump suit were for ammo,
and food, first aid kit.

降下衣を着て、降下靴をはく。右胸ポケットは拳銃入れ
Jump tunic and jump boot, note the pistol pocket

縛帯をつける。鉄帽をつけ、顎紐を結んでから略
帽の帽垂れでカバーする
Worn with the parachute harness, chin strap of
helmet would be covered with neckflaps of field
cap.

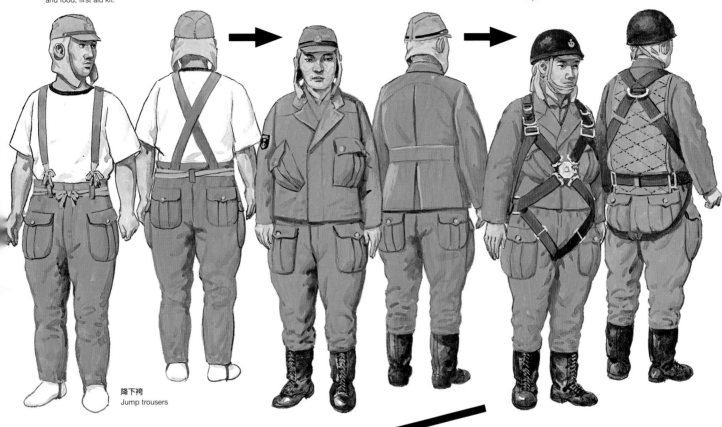

降下袴
Jump trousers

一〇〇式機関短銃嚢と四式落下傘をつけた状態
Type 100 submachine gun bag and type 4 parachute

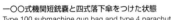

違うタイプの降下衣袴
Jump suit variation

布製弾帯（65発入り）
と三八式騎兵銃を携行した状態
Cloth bandolier
(65 rounds) and
Type 38 carbine.

降下後の将校
Officer after jumping

特殊勤務被服
Special Duty Uniform

落下傘兵用ヘルメット Jump helmet

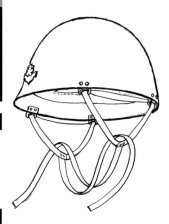

各種航空帽 Flying helmet variation

眼鏡留め
Goggle strap retainer

ここだけ布製（名前）
Cloth name patch

眼庇は取り外し式
The peak was detachable

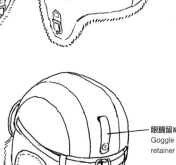

末期のタイプ（黒、茶）
Final model (black, brown)

航空帽の両脇をあげた状態 Folding position of flying helmet side flap.

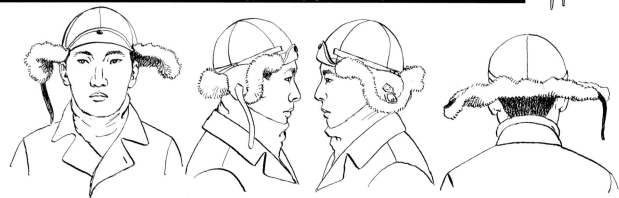

航空衣袴 Flying suit

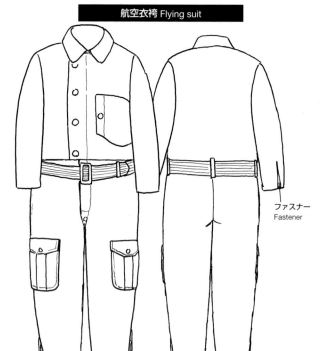

ファスナー
Fastener

▲冬用航空衣袴 Winter flying suit
（内部は和紙で包んだ真綿を黒富士絹布でカバーしてある）

毛皮、黒、のちに白
Fur-line black(early) and white (late)

▼夏用航空衣袴（兵用）
Summer flying suit (private)

ファスナー
Fastener

防寒航空衣袴襟は中に毛皮つき
Fur-lined winter flying suit

少将
Rear Admiral

大佐
Captain

中佐
Commander

少佐
Lieutenant Commander

大尉
Lieutenant

中尉
Sub-Lieutenant

特務少尉
Engineering Ensign
（昭和17年に特務の呼称廃止）
(deleted in 1942)

少尉
Ensign

候補生
Midshipman

飛行兵曹長
Chief petty officer

※兵曹長以上の飛行服用の階級章は袖章を模したデザインで、下士官兵搭乗員の階級章
は49ページ掲載のものと同じ

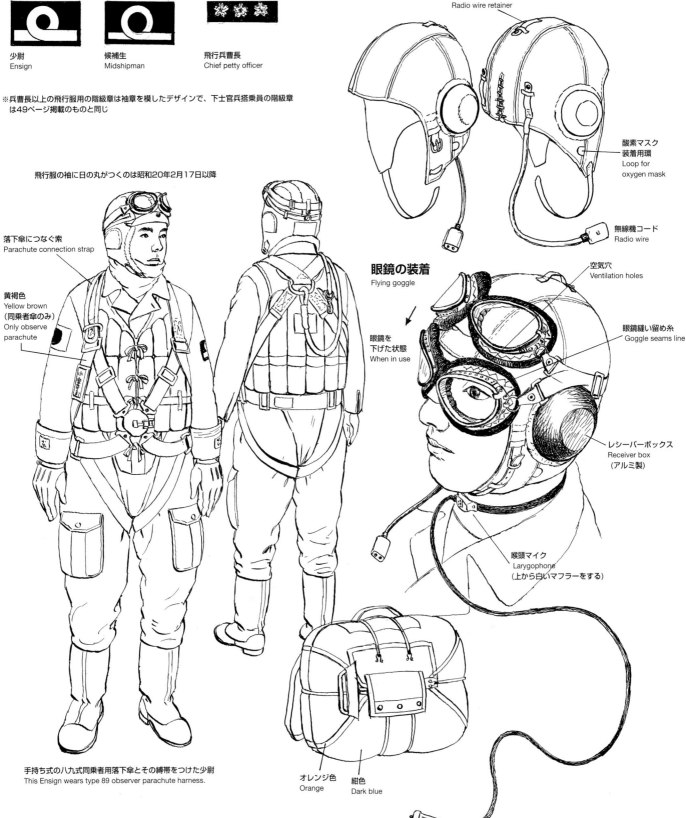

飛行服の袖に日の丸がつくのは昭和20年2月17日以降

落下傘につなぐ索
Parachute connection strap

黄褐色
Yellow brown
（同乗者傘のみ）
Only observe
parachute

手持ち式の八九式同乗者用落下傘とその縛帯をつけた少尉
This Ensign wears type 89 observer parachute harness.

無線機コード留め
Radio wire retainer

酸素マスク
装着用環
Loop for
oxygen mask

無線機コード
Radio wire

眼鏡の装着
Flying goggle

眼鏡を
下げた状態
When in use

空気穴
Ventilation holes

眼鏡縫い留め糸
Goggle seams line

レシーバーボックス
Receiver box
（アルミ製）

喉頭マイク
Larygophone
（上から白いマフラーをする）

オレンジ色
Orange

紺色
Dark blue

57

海軍 6

軍楽兵・法務兵・学生

Military band
Judge advocate
Student

軍楽兵 Military band

楽科特務士官（大尉）と軍楽兵曹長の礼衣袴
（昭和17年以降は士官と上等兵曹）
Full dress of Military band officer
(Lientenant) and Chief Petty officer

軍楽特務士官と軍楽兵曹長の衣袴
Service dress of Military band officer and Chief Petty officer

礼衣襟章
Collar patch for full dress

将校 = 桜2個
Officer = 2
下士官、兵 = 桜1個
Petty officer, seaman=1

他の兵科と異なり、軍楽科の下士官兵には正装、礼装の貸与があり、各ドレスコードで挙行される行事の際にそれを着用して演奏した

軍楽兵曹と軍楽兵（二等軍楽兵）の礼衣袴

Full dress of Military band Petty officer
and seaman

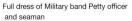
軍楽兵曹と軍楽兵の軍衣袴
Service dress of Military band, Petty officer and seaman.

兵用軍帽前章
Cap badge for
seaman

軍楽兵曹と軍楽兵の夏衣袴
Summer dress of Military band, Petty officer and seaman.

軍楽兵曹と軍楽兵の外套
Great coat of Military band. Petty officer
and seaman

軍楽兵肩章
Shoulder strap of Military band

右 Right

前 Forward

左 Left

短剣
Dirk

刀帯
Sword belt

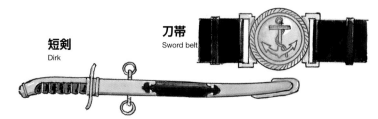

法務兵 Judge advocate

海軍法務士官の識別色は萌黄色
昭和17年に文官から武官となり服制制定

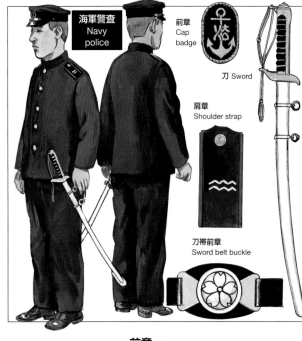

海軍警査 Navy police

前章 Cap badge

刀 Sword

肩章 Shoulder strap

刀帯前章 Sword belt buckle

海軍監獄長、看守長礼衣袴 (制帽は文官奏任官用)
Full dress of Governor of Navy prison and Chief prison guard

海軍監獄長、監守長の外套
Great coat of Governor of Navy prison and Chief prison guard

前章 Cap badge

監獄長
Governor of Navy prison

監獄看守
Prison guard

正肩章
Full dress shoulder strap

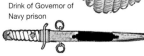

監獄長
Governor of Navy prison

監獄長短剣
Drink of Governor of Navy prison

刀帯前章 Sword belt buckle

監獄長
Governor of Navy prison

監獄看守長、監獄看守
Chief prison guard and Priso guard

肩章
Shoulder strap

監獄長
Governor of Navy prison

刀 Sword

監獄長　Governor of Navy prison

監獄看守長　Chief prison guard

監獄看守　Prison guard

監獄看守長
Chief prison guard

監獄看守
Prison guard

傷病衣
Patient wear

患者用綿入れ衣
Patient padded clothing

患者衣
Patient wear

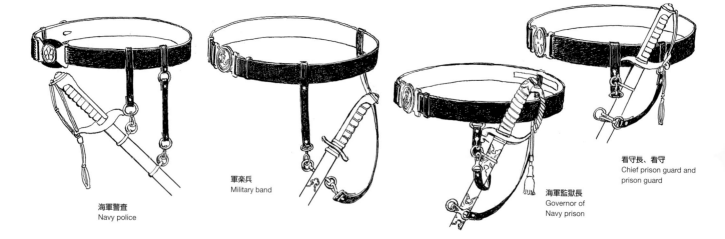

海軍警査
Navy police

軍楽兵
Military band

海軍監獄長
Governor of
Navy prison

看守長、看守
Chief prison guard and
prison guard

日本海軍の各種学校

世界の多くの軍隊と同様、日本海軍では士官と下士官・兵で大きく扱いが異なった。

海軍士官となる道は旧制中学4年1学期修了の学力（これは受験時期が秋で、海軍の年度始めとなる12月1日を目安に入校するため）を持つ少年たちが受験する海軍兵学校、海軍機関学校、海軍経理学校のいわゆる3校が主流で、このほかに高等商船など船舶系学校卒業者を「予備士官」として登用するもの、一般大学を卒業した者を短期間勤務させる「短期現役士官」（軍医科・歯科医科・薬剤科・技術科・主計科・法務科）、また東京帝国大学などの理工系大学を卒業して「造船、造機、造兵士官（のち技術士官と総称）」とするコースがあった。

兵の場合はまず四等兵（志願、また徴兵時に提出した希望に準じて水兵、機関兵、主計兵、航空兵などを指定される）として海兵団（練習部）に入団、3ヶ月の基礎教育を受け、艦務実習を経て水上艦艇や航空隊、鎮守府の定員分隊などに配属された。一定の勤務経験ののち各種科学校に入校、普通科練習生の専門教育を終えると「特技章」を付与され、さらなる勤務経験を経て高等科練習生となりステップアップ。おおかたの水兵はこの間に下士官へと進級する。

昭和17年3月現在、海軍には次の学校があった。

●海軍大臣の管轄下にある学校

（1）海軍大学校（東京）

海軍士官に高等教育を施すとともに、兵技、技術などの研究を行なう海軍の最高学府で、甲種学生、特修学生、機関学生、選科学生があった。

（2）海軍兵学校（江田島）

兵科士官（将校）となる生徒を教育する学校で、関東大震災までは東京の築地にあった。太平洋戦争直前の教育期間は4年（最上級生を1号生徒、以下2号生徒、3号生徒……）で、次第に短縮。この他に人格、識見優秀な兵曹長および一等兵曹を特務士官に登用するための選科学生があった。

（3）海軍機関学校（舞鶴）

機関科士官（機関将校）となる生徒（受験資格は兵学校と同）を教育し、また機関科の兵曹長および一等兵曹に対し、尉官に準ずる勤務ができるよう教育を行なう。なお、機関科士官はたとえ階級が上であっても下級の兵科士官の指揮下に入らなければならない（軍令承行令で決められていた）。昭和17年、呼称上の機関科将校を廃止。昭和20年に海軍兵学校舞鶴分校と呼称変更。

（4）海軍経理学校（東京）

主計士官（経理将校）となる生徒（受験資格は海軍兵学校と同様）を教育し、特務士官となるべき主計兵曹長、一等主計兵曹、また海軍主計少尉候補生、および海軍主計特修となる下士官・兵に教育を行なう。海軍会計経理の研究、調査も行なう。

（5）海軍軍医学校（東京）

軍医科士官（医科大学出身者）、および薬剤科士官を教育し、看護科特務士官たる看護兵曹長を教育する。また医学、防疫の研究、調査を行なう。

●鎮守府司令長官の管轄下の学校

（1）海軍砲術学校（横須賀、館山）

兵科士官 特務士官、准士官（以上は学生と呼称）、特修兵たる下士官兵（練習生と呼称）を教育する。また砲術および体育の研究を行なう。練習生には次の種類があった（学生は主に普通科学生と高等科学生）。期間は普通科で6～7ヶ月。

（イ）普通科／高等科／特修科砲術練習生

（ロ）普通科／高等科／特修科測的練習生
 以上、横須賀（海上砲術）

（ハ）普通科／高等科砲術練習生
 以上、館山（陸上砲術）

（2）海軍水雷学校（田浦）

砲術学校に準じて海軍兵科士官 特務士官、准士官、特修兵たる下士官兵を教育。水雷術を行なう。練習生には次の例がある（学生は主に普通科学生と高等科学生）

（イ）普通科／高等科／特修科水雷練習生
※ほかの教程は通信学校と機雷学校に移管

（3）海軍工作学校（久里浜）

海軍機関科士官、工作科特務士官、准士官および特修兵たる下士官・兵に工作術を教育する。普通科、専修、高等の三種があった（期間1年）。工作術の研究調査も行なう。

（4）海軍機雷学校／海軍対潜学校（久里浜）

兵科士官、特務士官、准士官、特修の下士官兵に機雷術を教育し、研究調査も行なう。昭和19年に対潜学校と改称。下士官兵の練習生は4種。

（イ）普通科機雷練習生

（ロ）普通科機雷水中測的練習生

（ハ）高等科機雷機電練習生

（ニ）高等科機雷水中測的練習生（期間7ヶ月）

（5）海軍潜水学校（呉）

兵科将校、特務士官、准士官、特修下士官兵に潜水艦実務と潜水術を教育する。練習生は4種。

（イ）潜航術掌水雷練習生

（ロ）潜航術掌水中測的練習生

（ハ）潜航術内火機械練習生

（ニ）潜航電機講習生

（6）海軍通信学校（久里浜）

兵科士官、特務士官、准士官および特修下士官兵に通信術を教育する。

（イ）普通科電信術練習生

（ロ）高等科電信術練習生（期間1年）

（7）海軍工機学校（横須賀）＆海軍工作学校（久里浜）

海軍工機学校は昭和3年に開校、昭和16年に工作術が独立して海軍工作学校が開校。機関科将校 機関特務士官、准士官および特修の下士官兵に機関術を教育する。

（イ）普通科／高等科機関術練習生

（ロ）普通科／高等科電機術練習生（期間6ヶ月）

（8）海軍航海学校（横須賀）

古くは海軍運用術練習艦が担っていた教育を担当する学校として創立。兵科士官、特務士官、准士官および特修下士官兵に航海術、運用術、信号術、見張り術、気象術を教育する。

（イ）普通科運用術操航練習生（6ヶ月）

（ロ）普通科運用術応急練習生

（ハ）普通科信号術練習生（8ヶ月）

（ニ）高等科運用術応急練習生

（ホ）高等科運用術操航練習生

（ヘ）高等科信号術練習生

この他、戦中には水測学校（ソナー）、電測学校（レーダー）も設置された。このほかに 海軍病院練習部（各鎮府所在地）があった。

● 海軍練習航空隊

日本海軍では航空に関する教育（搭乗員、整備員とも）は学校ではなく練習航空隊で行なうのが最も実践的であるとしていた。海軍士官、特務、准士官および下士官兵の教育を担当する。

① 飛行練習生
　※搭乗員養成課程で士官は「飛行学生」と呼んだ

② 特修科飛行術練習生
　※以上は搭乗員

③ 普通科航空兵器術練習生

④ 高等科航空兵器術練習生
　※水雷学校で魚雷の取り扱いを学ぶ例もある

⑤ 普通科整備術練習生

⑥ 高等科整備術練習生

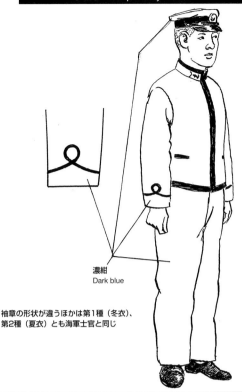

予備学生 Preparatory student

濃紺
Dark blue

袖章の形状が違うほかは第1種（冬衣）、
第2種（夏衣）とも海軍士官と同じ

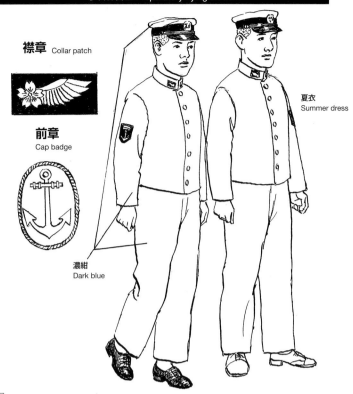

予科練習生 Preparatory flying student

襟章 Collar patch

前章
Cap badge

夏衣
Summer dress

濃紺
Dark blue

海軍航空予備学生／海軍飛行予備学生

　日本海軍にはイギリス海軍に習った予備士官制度があり、東京高等商船学校、神戸高等商船学校、その他船舶系学校の卒業者が予備少尉に任じられ、普段は民間の船会社などで勤務をし、有事の際に海軍へ詰めかけるようになっていたが、海軍航空を拡充するにあたって一般大学の卒業者のうち、クラブ活動としての航空の経験者などから人員を募るようになった。これが海軍航空予備学生で、のちに飛行予備学生、飛行専修予備学生などと呼称が変更された。

　昭和18年の学徒動員では、徴兵により二等水兵として海軍団へ入団した大学繰上げ卒業者に士官登用試験を実施し、志願や適性により兵科（第4期）、飛行科（第14期）の予備学生を採用。大学予科、高等学校、専門学校在学中（繰上げ卒業に達しない）の者は予備生徒（第1期）として採用された。

海兵団 Petty/seaman officer school

軍衣（夏用）
水兵と同じ
Service dress
(Summer)

体操着
Sports wear

横須賀海兵団

金文字
Golden lettering
ほかに呉、佐世保、
舞鶴海兵団がある

　はじめは他兵科の下士官兵と同じ服装であったが、昭和17年11月1日、7つボタン（下士官用ボタン付）の軍衣が制定された。軍帽は下士官用で前章が金色金属であった。なお末期にはこのタイプで褐色のものがあった。

　予科練習生（昭和11年に飛行予科練習生と改称）は、世間一般にあって頭脳明晰ながら財力の都合などで高等教育を受けることができない少年たちを飛行機搭乗員とするため昭和5年から始まった。予科練で海軍軍人としての識見、航空術の知識を身につけてから飛行練習生へ進み、実際に飛行機に搭乗する訓練を受けた。

①乙種飛行予科練習生（昭和5年6月より）
　最初に創設された予科練で、通称「海軍少年航空兵」。14～18才の、旧制高等小学校2年生修了程度の学力のあるものを採用。平均教程期間は2年6ヶ月で、期によって期間に長短がある。甲種飛行予科練習生が創設された際、こちらが乙種飛行予科練習生となった。第1期生から第24期生まで。

②甲種飛行予科練習生（昭和12年9月より）
　旧制中学校4年1学期修了以上の学歴を持つ15～20才の一般少年（これは海軍兵学校生徒の受験資格と同等）のなかから予科練に登用するもので、平均教程期間は1年6ヶ月。第1期生から第16期生まで。

③丙種飛行予科練習生（昭和16年5月より）
　大正時代からある、すでに海軍の下士官兵となっている者のなかから搭乗員を募る操縦練習生、偵察練習生を予科練の呼称に沿わせたもの。すでに海軍軍人としての識見を有しているとして教程期間は6ヶ月間と最も短かい。第1期生から第17期生まで。

④乙種（特）飛行予科練習生（昭和18年4月より）
　乙種飛行予科練習生合格者の中から満17歳になっている者に短期教育（約1年）を施して飛行練習生に進ませるために創設。第1期生から第10期生まで。
※予科練のほかの下士官搭乗員養成課程に逓信省乗員養成所の依託練習生（通称、予備練）という制度があった。

予科棟と練習航空隊
　予科練は当初、横須賀海軍航空隊に設置され、昭和14年に霞ヶ浦海軍航空隊に移管、地上教育専門の土浦海軍航空隊の創設でさらにここへ移った。戦中には三重海軍航空隊や岩国海軍航空隊、鹿児島海軍航空隊などが予科練教育を担当した。

　予科練卒業者のうち、操縦専修者は霞ヶ浦、筑波、谷田部、百里原（以上陸上機）、鹿島、大津（以上水上機）などの中間練習機操縦の練習航空隊を経て大分、宇佐、博多、大村などの実用機教程の練習航空隊に進んだ。偵察専修者は横須賀、鈴鹿海軍航空隊などで教育を受けた。

　海軍にはこの他に整備員、電信員、水測員など高度な技術と体力を必要とする兵科だけに少年兵制度が設けられており、14～18才の少年志願兵に最初から専門教育を施した（予科練創設前には普通科電信術練習生がとくに人気だった）。

海兵団
太平洋戦争時、一般的な日本海軍の「兵（志願、徴兵を問わず）」は本籍を管轄する都道府県によって横須賀、呉、佐世保、舞鶴の各海兵団に軍籍を分類され、四等水兵として入団して約半年の新兵教育を受け、それから水上艦艇や航空隊などに配属された。

あとがき

『日本の軍装』御購読有難う御座います。

この本を作るベースになった同名の記事は、1972年4月から1年間、模型雑誌『ホビージャパン』に連載したものである。

連載の始まった頃は「なんで日本の軍装などと云うダサイ場違いな記事をのせるんだ。」と云う投書もある程に日本人が日本の情報を軽蔑する向きがあった。

しかし、連載が終る頃には「内容がある。」「判り易い。」などと云う投書も増え、ようやく基本的にはドイツの軍装も、日本の軍装も情報のアイテムとしては、同価値のものだ、と云うごく当り前の事が認識されたようである。

以前から「日本から発信される情報は、オリジナリティがなく、情緒過多で明快さがない。欧米と同じ理性的な作り方で、日本のオリジナル情報を作って行けば必ず彼等は理解する筈だ。本筋の仕事をやっていけば、必ずどこかで見ている人はいるものだ」と考えていた私の信条が、はからずも裏付けされたようで、大変に嬉しかった。

この本で最初から英語のネームを入れたのも、欧米と全く同じ方法で作る本だったからである。

さて、その見ている人々の中に、元ホビージャパンの編集者であり、現在『モデルグラフィックス』誌の編集長である市村氏がいた。

彼は私の記事を憶えていた。

18年後の1990年春、たまたま日本有数の艦艇モデラーである矢座伸行氏のモデルを『モデルグラフィックス』に載せる件で、劇画家、小林源文氏を通して面識を得た時、「あれをカラーでモデル・グラフィックスに連載しませんか」と声を掛けてくれた。

実は『ホビージャパン』連載終了後、そのまま単行本にと云う話が二つばかりあったが、原稿を全面的に手直ししたかったのと、カラーでと云う望みがあった為、お断りしていた。

しかし、いつかはと云う気もあって、その後も資料を集め基本的な構想は整えていたので、この話は誠にタイミングの良い提案であった。

他の仕事とのやりくりで、かなりのハードワークであったが、元の記事がしっかりしていたので、さほど苦しむ事もなく、かなりハイレベルの仕上りになったものと自負している。

日本ではリアルな絵を使って情報を製作すると云う分野が、リアリズム教育不在の美術教育と、ヴィジュアル本製作にノウハウがある事さえ気付かない出版社の為に、全く未開拓であり、画家が主導するヴィジュアルな本が極端に少ない。将来の情報立国の立場から、美術教育関係者と出版人の覚醒を促したいものである。

欧米の人文、自然科学系のヴィジュアル本の殆どが、こう云う画家主導型である事を考えると淋しく「リアル画家に情報を作らせれば、こんなに内容が濃くて、面白い本が出来るんだよ」と云う事をなんとかアピールしたくて、この本を作ったようなものである。

勿論この種の本で大切なのは、基本になる情報のレベルの高さと、考証をしてくれる研究者、学者のサポートの有無である。

寺田近雄氏と云う日本軍装研究の第一人者の指導を受けられた事が、この本の質の高さを支えている。

その他多くの軍装研究者、コレクターの御世話になった。

吉野慶一氏、故沼田孝義氏、高橋昇氏、ヒサ・クニヒコ氏、水谷英三郎氏、高荷義之氏などに心から感謝したい。

更に、我が師笹間良彦先生の著書、太田臨一郎氏の著書、PX誌所載の柳生悦子氏の記事は、大変貴重な情報源であった。

そしてもう一つお世話になった物がある。今は殆ど手許に残っていないが、二百万円程もかけたであろうか、コレクションした旧日本軍軍装品の一群である。

彼等を含めて、報いられる事もなく歴史の闇に消えて行った日本の軍装品に対し、ささやかながらこの本を墓銘碑として贈りたい。

この本の仕事は、朝日新聞、小学館、集英社、講談社、学研 河出書房新社など、各社で学者と共作しながら歴史復元画を描いている私の最終目標である "昭和史復元" への一里塚として、位置づけられるように思う。

出来得れば近い将来、日本軍装前史とも云うべき「明治大正の軍装」、更にそれ以前の「日本甲冑史」などを、カラーで華やかにまとめてみたいものである。

いつの日か、その夢が具体化した時には、この本と同様に皆さんに御目を通していただき、忌憚のない御批評を賜りたいものである。

1991年 10月

著者

著者紹介：
中西立太　Ritta NAKANISHI

　1934（昭和9）年3月18日、長野県上田市生まれ。童画家の父、義男の影響を受け、絵に親しみながら幼少期を過ごす。戦後の月刊少年雑誌の絵物語に胸を躍らせ、本格的に画家の道を志す。

　1952（昭和27）年、芸大油絵科の受験に失敗するも、額縁用の絵を描くアルバイトにつき、1956（昭和31）年からは小学館でのカットの仕事を皮切りに『少年サンデー』『ボーイズライフ』などの雑誌の口絵、挿し絵などを手がけるようになる。

　1962（昭和37）年、小学館科学図説シリーズ『人類の誕生』で第8回サンケイ児童出版文化賞を受賞。

　1965（昭和40）年より、テレビの特撮番組の口絵の仕事が急増。1966（昭和41）年からはプラモデルのパッケージアートに進出し筆をふるう。同時に模型媒体との関係も深まり、1972（昭和47）年からは月刊『ホビージャパン』で、本書の前身企画である『日本の軍装』の連載を開始する。

　1981（昭和56）年、小学館学習マンガ『日本の歴史』の図解頁を担当し、以後、学術的な歴史復元画、考証画のジャンルへと仕事をシフトする。縄文時代から明治にかけての日本の歴史を中心に、風俗や建築復元画など、その仕事ぶりはさながら《絵を描く学者》のようであった。

　1990（平成2年）より月刊『モデルグラフィックス』（大日本絵画刊）にて新たに『日本の軍装』の連載を開始し、翌年に単行本化。映画、テレビ制作者の軍装考証資料として好評を得る。

　2001（平成13年）に『日本の軍装　幕末から日露戦争』、2008（平成20）年に『日本甲冑史［上巻］弥生時代から室町時代』を、さらに2009（平成21）年には『日本甲冑史［下巻］戦国時代から江戸時代』を出版（ともに小社刊）。これにより弥生時代から昭和にかけての遠大な日本軍装史が完結をみた。

　だが『日本甲冑史［下巻］』完成直前の2009年1月11日に逝去（享年74歳）。

編者から：
　左ページのあとがきは著者の中西立太氏により『日本の軍装』初版時に書かれたもの。最後に触れられている「明治大正の軍装」は『日本の軍装 幕末から日露戦争』として、また「日本甲冑史」は『日本甲冑史（上・下）』としていずれも大日本絵画から刊行され、『日本甲冑史（下）』の校了とともに中西氏は急逝された。
上写真は在りし日の著者。

資料協力：寺田近雄、笹間良彦
編集協力：エルバート・リン、吉祥寺怪人
特別協力：中西元恵、中西祐太郎

新装版 日本の軍装 1930-1945
JAPANESE MILITARY UNIFORMS 1930-1945

発行日　　　2023 年 4 月 24 日　初版　第 1 刷

著者　　　　中西立太

装丁　　　　丹羽和夫（九六式艦上デザイン）
DTP　　　　小野寺 徹

発行人　　　小川光二
発行所　　　株式会社 大日本絵画
　　　　　　〒 101-0054
　　　　　　東京都千代田区神田錦町 1 丁目 7 番地
　　　　　　TEL.03-3294-7861（代表）
　　　　　　http://www.kaiga.co.jp

編集人　　　市村 弘
企画／編集　株式会社アートボックス
　　　　　　〒 101-0054
　　　　　　東京都千代田区神田錦町 1 丁目 7 番地
　　　　　　錦町一丁目ビル 4 階
　　　　　　TEL.03-6820-7000（代表）
　　　　　　http://www.modelkasten.com/

印刷／製本　大日本印刷株式会社

ISBN978-4-499-23367-5 C0076

内容に関するお問い合わせ先：03（6820）7000　（株）アートボックス
販売に関するお問い合わせ先：03（3294）7861　（株）大日本絵画